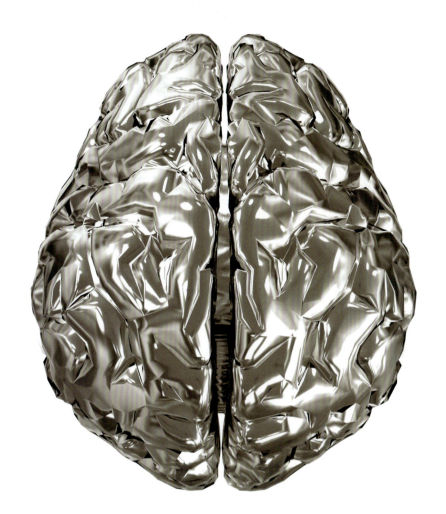

前瞻设计

推动可持续发展

青蛙设计创始人 [美] 哈特穆特·艾斯林格 著/译

电子工业出版社
Publishing House of Electronics Industry
北京·BEIJING

内 容 简 介

随着全球气候变暖、产能过剩及能源浪费日益突出,企业将面临越来越多的挑战。这意味着无效的管理策略(所谓的廉价且有效)将不再起任何作用。

能否从战略角度去延伸、定义设计学将成为是否能有效应对未来挑战的关键因素。因此,在自然科学及人文科学备受重视的今天,应该建立一个以创意为重点的教育体系(创新型科学)。这种体系不仅可以发现并提升创新人才,同时也能将必要的专业知识传递给他们,唯其如此,才有资格去积极应对未来的巨大挑战。

本书展示了青蛙设计公司创始人、苹果设计风格奠基人艾斯林格先生职业生涯的一些相关案例研究,并配以丰富的插图说明,同时也呈现了他的学生的部分作品。这些珍贵的案例真实、生动地展示了战略设计思维将如何深远地影响人类的未来。

Original English language edition copyright ©2012 by Hartmut Esslinger. Chinese Simplified Language Edition Copyright ©2013 by Publishing House of Electronics Industry. All rights reserved. No part of this book may be reproduced or transmitted in any form or by any means, electronic or mechanical, including photocopying, recording or by any information storage retrieval system, without permission in writing from the Proprietor.

本书简体中文版专有出版权由 Hartmut Esslinger 授予电子工业出版社,未经许可不得以任何方式复制或抄袭本书的任何部分。专有出版权受法律保护。

版权贸易合同登记号　图字:01-2013-5254

图书在版编目(CIP)数据

前瞻设计推动可持续发展/(美)哈特穆特·艾斯林格(Hartmut Esslinger)著、译.—北京:电子工业出版社,2020.6
书名原文:Design Forward: Creative Strategies For Sustainable Change
ISBN 978-7-121-38945-0

Ⅰ.①前… Ⅱ.①哈… Ⅲ.①工业设计—案例 Ⅳ.①TB47

中国版本图书馆 CIP 数据核字(2020)第 060776 号

责任编辑:刘　皎
印　　刷:天津市银博印刷集团有限公司
装　　订:天津市银博印刷集团有限公司
出版发行:电子工业出版社
　　　　　北京市海淀区万寿路 173 信箱　邮编:100036
开　　本:787×980　1/16　　印张:19.25　字数:375 千字
版　　次:2020 年 6 月第 1 版
印　　次:2020 年 6 月第 1 次印刷
印　　数:3000 册　定价:159.00 元

凡所购买电子工业出版社图书有缺损问题,请向购买书店调换。若书店售缺,请与本社发行部联系,联系及邮购电话:(010)88254888,88258888。
质量投诉请发邮件至 zlts@phei.com.cn,盗版侵权举报请发邮件至 dbqq@phei.com.cn。
本书咨询联系方式:(010)51260888-819,faq@phei.com.cn。

目录

- 001　引言

Part 1　创造新型设计文化
- 008　第1章　创造力的转变
- 028　第2章　建立创意科学
  马库斯·克雷奇默尔
- 050　第3章　从绿色和社会的角度考虑问题：维克多·巴巴纳克
  马蒂娜·菲内德尔和托马斯·盖斯勒

Part 2　推动设计革命
- 068　第4章　心手并用进行创作
- 082　第5章　青蛙战略设计经典
  贵翔、索尼、CTM、卡瓦、汉斯格雅和唯宝、路易威登、苹果、NeXT、海伦·哈姆林基金会、雅马哈、奥林巴斯、汉莎航空公司、SAP、Dual、迪士尼、夏普、青蛙设计公司的推广活动、小青蛙
- 202　第6章　培养明天的设计师
- 216　第7章　维也纳学生的设计作品
  健康、生活和工作、娱乐、移动性、数字集成、生存

Part 3　设计引领未来
- 248　第8章　温水煮青蛙
- 268　第9章　创新型商业领导层
  约翰娜·舍恩伯格
- 288　第10章　结语：创新设计

第 i 页：MAC 世界，青蛙研究设计，1996 年。摄影：MARK SERR。
第 ii 页：苹果 BIG MAC，1985 年。摄影：VICTOR GOICO。
第 iii 页：人类大脑，2012 年。插画：PETER KOSSEV。

合著者和维也纳大师班教师名单

玛蒂娜·菲内德尔（Martina Fineder）是一名设计师、研究员和策展人，现供职于维也纳的奥地利应用艺术及当代艺术博物馆（MAK），同时在维也纳艺术学院攻读博士学位，正致力于博士论文写作。她一直以来都在和维也纳应用艺术大学的托马斯·盖斯勒合作研究维克多·巴巴纳克的生平及其作品，同时也参与了巴巴纳克所著的 Design for the Real World（《为真实世界而设计》，施普林格出版社，维也纳/纽约，2009）一书的德文版再版编辑工作。在他们的共同努力下，维克多·巴巴纳克基金会于 2011 年成立。她已经在多个学术、专业及大众出版物上发表了大量文章，内容涉及社会友好型及生态友好型设计的历史和物质文化。此外，她还是 D+ 设计工作室的创始合伙人之一。玛蒂娜曾在应用艺术大学担任过哈特穆特·艾斯林格的助教。

托马斯·盖斯勒（Thomas Geisler）是维也纳 MAK 的设计策展人。他参与了维也纳设计周的创立，并负责活动策划至 2010 年。他本为科班出身的职业设计师，后来将兴趣转移到设计历史和物质文化的研究上，并在多个设计学校（如维也纳应用艺术大学、维也纳技术大学以及格拉茨的应用科学大学）从事教学和研究工作。他的出版著作包括 Career Ladders:(No) Instructions for Design Work!（《事业阶梯：设计工作（无）指南！》，维也纳，2007），以及 Victor Papanek: Design for the Real World（《维克多·巴巴纳克：为真实世界而设计》，德文注释本再版，维也纳/纽约，2009）。此外，他还在 2012 年与哈特穆特·艾斯林格合作，在 MAK 策划了"MADE4YOU——为改变而设计"展览。

尼古拉·西普（Nikolas Heep）童年时期曾居住在加纳、苏丹、英国、印度和奥地利。1996 年到 2001 年期间他在柏林的技术大学以及伦敦的建筑协会学习建筑学；2000 年与人合作在波士顿中央建筑学院开办的建筑及设计暑期学校担任教师；2002 年到 2005 年任职于艾辛格和克奈希特尔建筑事务所（Eichinger oder Knechtl Architects）。2005 年，他同妻子米亚·金（Mia Kim）共同创立了设计和建筑工作室 KIM+HEEP，他担任该工作室的联合首席执行官。他的作品被收入维也纳应用艺术博物馆展览。自 2005 年以来，他一直在维也纳应用艺术大学任教，与罗斯·洛夫格罗夫和哈特穆特·艾斯林格共事。

彼得·克诺布洛赫（Peter Knobloch）1982 年到 1987 年期间在维也纳 TGM 学习电子和通信技术；1991 年到 1998 年期间在维也纳应用艺术大学学习工业设计；1987 年到 1991 年在维也纳国际机场担任维修工程师，负责维护空中交通管制设备；自 1991 年以来，他一直是一名自由职业者，参与了各种项目，其中包括为林兹电子艺术中心、莫扎特博物馆、萨尔兹堡博物馆和维也纳国会游客中心等客户开发互动媒体装置；1996 年，他开始在维也纳应用艺术大学的电脑工作室任教。自 2007 年以来，他还一直担任助教，研究方向是用户界面设计。

马库斯·克雷奇默尔（Markus Kretschmer）1991 年到 1996 年期间在柏林艺术大学和赫尔辛基的艺术和设计大学学习工业设计；1996 年到 2002 年期间曾在戴姆勒公司研发部任职；2002 年到 2006 年在意大利博尔扎诺自由大学产品设计系担任教授；2008 年至今一直在北奥地利应用科学大学任产品设计和设计管理教授。此后他还提供战略设计咨询。2008 年到 2011 年，他在哈特穆特·艾斯林格的指导下，得到了维也纳应用艺术大学战略设计博士学位。

马蒂亚斯·普费弗（Matthias Pfeffer）于 1980 年至 1984 年期间在莱奥本和维也纳学习采矿和机械工程，之后又在维也纳应用艺术大学学习产品设计；1985 年，他创办了自己的设计工程工作室。自 1990 年以来，马蒂亚斯一直从事教学工作。2000 年，他开始在维也纳应用艺术大学担任工业设计教授一职，在技术、模型制作以及原型制作方面与哈特穆特·艾斯林格合作。马蒂亚斯的业余爱好是修复古董赛车。

约翰娜·舍恩伯格（Johanna Schoenberger）于 2001 年开始在瑞士门德里西奥的建筑学院学习建筑学；一年后转入维也纳应用艺术大学学习工业设计，于 2007 年毕业，研究方向为太阳能。2007 年到 2011 年，她在哈特穆特·艾斯林格的指导下得到了战略设计博士学位。她曾在纽约的青蛙设计公司以及德国波恩的德国电信公司任职，此外，还曾在维也纳应用艺术大学担任由 FWF 所赞助的战略设计项目的研究员。她目前在位于慕尼黑的德国宝马汽车公司（BMW）任职，从事设计战略和高级设计工作。2011 年在施普林格集团高布乐出版社发表了博士论文 *Strategisches Design, Verankerung von Kreativität und Innovation in Unternehmen*（《战略设计：在商业中注入创新和创意》）。

斯特凡·兹内尔（Stefan Zinell）(*1963/A) 曾在维也纳应用艺术大学学习工业设计。自 1987 年起，他从事过工业设计、室内设计、展览设计以及设计咨询等工作；1995 年开始在维也纳应用艺术大学从事教学和科研工作。他在国际很多院校进行过教学和演讲，如上海同济大学、里斯本 IADE、伦敦皇家艺术学院、威尼斯建筑学院以及萨拉热窝应用艺术大学等。

引言

青蛙设计公司是本人于 1969 年创立的。我曾为世界上一些最优秀、最成功的企业家、高管和公司担任创意顾问。在这段漫长的职业生涯之后，我写了第一本书 *a fine line – how design strategies are shaping the future of business*[1]（《一线之间：设计战略如何塑造商业未来》）。本书关注的焦点是商业和设计的结合，阐述了为什么只有把战略设计当作公司创新和商业战略的一部分才能得到最好的结果。由于商业焦点及空间有限的双重原因，《一线之间》这本书并不像很多人所希望的那样详尽，而我还在设计以及商业和设计的合作关系上提出了许多组织和流程方面的问题。因为《一线之间》还被译为德文、中文、日文和韩文出版，它得到的反馈自然是全球性的。就这本书，我收到了很多疑问、评论和批评。而这些疑问、评论和批评促使我开始写作本书，并对前一本书中的信息结构做出相应的调整。

总体而言，我将收到的信息分为三类，据此将本书的内容分为三个部分。

第一部分：创造新型设计文化。这部分对设计职业、设计的发展历史、当前面临的挑战以及未来的机遇进行了概述。本部分的各个单元探讨的是"创意"的含义、创意在商业中的作用，还有我早期的设计经历是如何帮助我形成自己的设计方法，并让我开始采用"右脑和左脑"合作的方法的。该部分还介绍了一些具体的理念，以帮助各公司在战略规划和经营的过程中可以充分发挥设计的作用。

⋯ 我收集的青蛙。摄影：HANS HANSEN。

第二部分：推动设计革命。本部分探讨的是对设计专业的学生和商学院的学生进行职业技能培训的机会以及挑战。职业技能是保证跨学科团队协作的必要条件。该部分介绍了我的学生的某些作品，以说明在此列出的教育方法所带来的成果。

第三部分：设计引领未来。该部分研究的是设计在当今商业中的作用，以及若要开创一个更高效、更持续的未来，应如何让设计发挥更大的作用。此处讲述了我的一点看法，即当今商业迫切需要让设计发挥更大的综合性战略作用，并仔细回顾了商业和设计的结合在推动世界物质文化和社会文化发展方面发挥的作用。就寻找和选择正确的设计师以及正确的设计客户，我提出了一些建议，并审视了加深对创意及其流程的理解和重视对商业领导可能会有哪些益处。

历史和未来有着密不可分的联系。本书阐述了我在某些方面的个人想法，如设计和商业是如何发展到当前状态的，以及如何建立一个充满竞争力的全球性战略设计产业，从而更好地推动设计和商业的发展。下文的大部分内容都是我的个人见解，也许很多人会持反对意见。但是，我有幸取得了很大的成功，并从失败中汲取了很多教训，因此我的观点、想法和建议至少还是值得大家思考的。生活中唯一不变的就是变化，因此本书关注的焦点是当前商业关系和商业模式转型过程中所面临的严峻挑战，如陈旧的企业结构、产品生产过剩、资金和生态浪费以及不公平的社会失衡现象等。也许解决问题的办法有很多，但是这都需要全新的思维方式和工作方式，这一点不仅要在各专业间展开——战略设计的定位正是一种整体上的促进——也是国家、文化和思想方法之间需要做的。无论这些变革采用什么具体形式，我们必须从"金钱文化"向"人类文化"转变。这种转变已经开始，而我们需要做的是加快转变的步伐。

我认为这一目标急需早日实现，这激发了我的第二职业热情——即培养新一代设计师。教学在我的生命中占据主要地位只是过去几年的事但我对此并不陌生。1989年，我应邀成为德国卡尔斯鲁厄设计学院的十位创始教授之一，那是我得到的第一个教育职位。在设计学院，我开创了整合式设计课"数码包豪斯"（Digital Bauhaus），即在设计中将实体产品和虚拟产品相结合。我的这一授课方式受到卡尔斯鲁厄艺术和媒体中心博物馆（世界上首个"数字博物馆"）的极大鼓励。初次教学的经验让我明白了教学生学习设计同对青蛙设计公司的设计人员进行指导是不一样的。开放的教育有着不同的目标。学生们的天分各有不同，而所有的天分都应得到鼓励，对我而言，要接受这一点是非常重要的一步。伽利略的一句话给了我很大的启发："我们不能教会人们什么，我们只能帮助他们发现自我的潜能。"

从 2005 年到 2011 年，我曾任教于奥地利维也纳应用艺术大学，还接管了集成工业设计这一大师班课程，并取得了很大的成功。我的学生赢得了很多国家级及全球设计奖，这个班级也得到了《彭博商业周刊》的高度评价，学生毕业后也都在世界各地谋到了不错的职位。我和我的学生及斯特凡·兹内尔、尼古拉斯·西普、马蒂亚斯·普费弗、玛蒂娜·菲内德尔以及彼得·克诺布洛赫等助教合作发明了新的方法和程序，而且我们的重点十分明确，即"整合性、社会性、可持续性"。

本书展示了我的学生所创造的一些优秀作品。除了包含学生的设计作品，书中有些章节是由我的博士生所著，如约翰娜·舍恩伯格的创意商业领导研究，以及马库斯·克雷奇默尔对创意科学的探讨。此外，你还可以读到我的学生进行的两个研究项目，项目的课题分别是设计和设计遗产的经济影响以及恢复伟大的奥地利裔美国设计师维克多·巴巴纳克的设计遗产的重要性。在本书中，玛蒂娜·菲内德尔和托马斯·盖斯勒也对维克多·巴巴纳克的作品进行了介绍和分析。

可以这么说，过去六年的教学和科研经验让我从新的视角来审视专业设计教育和大众创新教育。我坚信，为迎接全球性的挑战，我们需要对创新教育进行彻底的变革和改进。此外，我们必须明白，年轻人对未来的生活充满了期望，我们不能把他们禁锢在刻板的学校教育制度中，因为这会从根本上扼制他们的天赋，限制孩子们的创造力。学生们在高中毕业前就应该享受、探索并扩展自己的创造力。

最后，本书还探讨了一些新机遇，并就主动变革提出了可行性建议。为了对这些建议加以详细说明，该书介绍了我为什么接受了北京德稻大师学院的邀请，在上海复旦大学视觉艺术学院开设了战略设计大师班。为什么是中国呢？原因在书中也有所提及，我之所以同意在中国开设战略设计课程是因为中国是大部分科技消费品的生产国，不久之后大部分汽车也将由中国制造。本书最后一章指出，由于很多科技消费品和汽车都是在美国或欧洲设计的，因此其背后的动机都是"降低价格"而不是"可持续性"，而且产品的生产过程也十分分散。我认为我们必须在中国培养新一代创意精英，他们要能够在全球范围内展开合作，能够遵循老子"少则得"的告诫，设计出优秀的产品。若要推动建立一个环保的并具有可持续性的生产模式，我们必须终止那种杂乱无章、浪费资源的生产方式。

我们需要的是一种新的创造性方法来面对当前的挑战，但首先我们需要从设计合适的产品着手，唯有如此我们才能把面前的挑战转化为良好的机遇。本书提出的基本观点十分简单：我们需要进行彻底的变革，敢于从全新的角度思考问题、敢于大胆行动；变革的口号是"整合性、社会性和可持续性"。

设计会创造出实体的、视觉的成果，在本书中我们对两种形式都进行了论述。本书在设计上实现了两种功能，既可以是一本文字读物也可以是图画读物。作为青蛙设计公司的资深艺术总监，格雷戈里·坎（Gregory Hom），他创造了一套视觉准则，将该书从文字叙述提升到视觉体验的高度。我希望你能喜欢这种体验。此外，请记住贯穿整本书的基本设计原则：形式追随情感。[2]

1　Hartmut Esslinger. *a fine line: how design strategies are shaping the future of business*. San Francisco: Jossey-Bass, an imprint of John Wiley & Sons, Inc., 2009.
2　请访问 http://www.broadview.com.cn/38945 下载本书提供的附加参考资料，如正文中提及参见"链接1""链接2"等时，可在下载的"参考资料.pdf"文件中查询。

↑ WEGA 电视机 3020 +，1970 – 1978，慕尼黑 NEUE SAMMLUNG。摄影：DIETMAR HENNEKA。

前瞻设计推动可持续发展

第 1 部分 创造新型设计文化

Part 1
创造新型设计文化

⬅ 雅马哈安全头盔，1986 年。

1 创造力的转变

"如果你还没有找到,继续找,不要停下来。"

——史蒂夫·乔布斯

有创新思维的人可以改变世界,但极少领导世界。18世纪的美国先驱们获得了荣光,但收获财富的却是那些定居者。设计师促使企业取得成功,但获得金钱回馈的却是那些企业高管。具有远见卓识的创业者创建起充满魔力的公司和品牌,但保守的继承者却会削弱甚至毁了它。我的个人使命是要改变这种破坏性的模式。在本章中大家会了解到致力于这一改变的并不止我一人。世界各地的企业和经济都已经感受到了文化设计革命的第一波冲击。但这场革命距离成功还有很长一段路。

利用设计获利和设计师创造作品是两种相差甚远的追求,这一点在高科技电子产业中有明显的体现。迈克尔·戴尔独自将戴尔公司发展为继惠普和联想之后的世界第三大个人电脑公司;但据《纽约时报》资深作家约翰·马科夫(John Markoff)说,乔布斯重返苹果公司不久,有人就在技术大会上问迈克尔·戴尔应该如何拯救处在严重财务危机中的苹果公司。"我会怎么做?"戴尔先生对几千名信息技术主管说,"我会关闭公司,把钱还给股东。"[1] 惠普公司的个人电脑销量冠绝全球,它们对作为一种理念的设计自然是支持的,但似乎不太将设计奉为运营中的一项战略性要素。惠普大力宣扬的是产品的技术优势以及减少有害物质的使用量,这两点本身自然是了不起的成就。然而,加入了这两个元素只是为了让产品看上去不是很差,而不是应用这些成就去解决实际的问题,从根本上改进设计。所以,当一个人看到惠普的个人电脑时,首先想到的自然不会是设计。

AT&T 数字应答机,1991 年。摄影:DIETMAR HENNEKA。

再看苹果公司。在富有远见卓识的史蒂夫·乔布斯的领导下，苹果公司的战略重点几乎一直都是设计。苹果公司之前一直都受到轻视，被视为"利基"公司，现在却给了我们充分的理由去重新思考优秀的设计同丰厚的利润之间的联系。让我们看一看从 2012 年 3 月以来惠普、苹果和戴尔三家公司的季度报告：[2]

	收入	净利润	现金流	市场估值
戴尔 年度变动 员工人数：100,300	160 亿美元 + 2%	7.65 亿美元 - 18%	负债（约 60 亿美元）	310 亿美元
惠普 年度变动 员工人数：320,000	300 亿美元 - 7%	15 亿美元 - 44%	负债（约 240 亿美元）	500 亿美元
苹果 年度变动 员工人数：46,000	463 亿美元 + 73%	130 亿美元 +110%	约 976 亿美元现金	约 5000 亿美元

这一结果会不会激励"有钱人"去相信设计的力量呢？也许你会这么认为，但是一个讲求实际的老派 CEO 可能还是会看不清将设计精良的产品和用户满意度放在组织战略的中心会有什么益处。传统的商业模式根深蒂固。比如，大多数大型企业至今仍在使用一种罗马帝国式的企业结构。当然，我们给体系中的每一个参与者取了一个不一样的名字——首席执行官代替了恺撒，副总裁代替了执政官，工会领导代替了保民官，但是他们的管理体制大致上是一样的。

推翻这种体制是一个很大的挑战，因为帝国专制模式的力量比其他大多民主经济更强大。比如"合作企业"将小企业主联合在一起形成了非工业企业，如农业和微银行业，但是这些合作企业非常难以管理和维系。考虑到复杂的法律、财政和体制问题，这一点就不足为奇了：当涉及管理和控制的好处时，理性的"左脑思维的人"要占上风，而创造性的"右脑思维的人"往往望尘莫及。因此，世界商业模式在很大程度上仍保持原来的状态。有创新思维的人只负责创作，掌握全局的仍是管理人员。

这种悲哀的局面是谁造成的呢？如本章所言，我认为双方都有责任。如果社会上那些具有创新思维的人想要统领商界，他们就要掌握领导能力。同时，管理人员，即商业人士，一定要学会同顶尖的创意人才进行紧密的合作，并将创造性和设计作为其商业使命和商业战略的核心。

作为一名设计师，我最感兴趣的是同"生产产品"的企业和公司进行合作，而且我在这方面的经验也很丰富。在与我合作的公司中，创作出优秀的新作品或新体验是一个关系到精英培训、高瞻远瞩和领导道德规范的问题。对于这些企业，成功的秘诀就是为消费者提供他们梦想中的产品、体验和内容。要完成这一目标，各公司需要从战略到设计，从策划到生产、营销、销售以及产品支持等整个流程中都发挥顶级创意人才的才能，并要进行跨学科合作。

但是任何公司若要成功生产出有创意的好产品，就必须有大胆的、高质量的管理体制，并进行合理的投资。因此，在今天这个设计驱动经济的情况下，企业要想成功，哪怕只是求生存，都需要让右脑思维的人和左脑思维的人通力合作。文化设计革命正在世界各地普遍展开，上述变化均为这一革命的组成部分。现在，让我为你介绍革命中一些最重要的方面以及不断变化的社会、经济、教育和商业制度是如何推动我们沿着更有创意的、以设计为中心的战略方向发展的。你将看到我们所有人都可以投身这场革命，并从革命所带来的经济、文化和社会进步中获益。

终结左脑和右脑的对立

从解剖学的角度来看，我们的大脑在外形上是对称的，但在功能上却不一样。由于进化的作用以及人类使用工具的能力不断发展，大脑两半球的功能发生分化。从认知的角度而言，左半球处理的是理性信息，如数字、文字和抽象的知识；而右半球处理的是更加复杂的信息，如图像、图标和情感。这些都是事实。

另一个事实是，我们总是倾向于把人分为两类：有艺术细胞、情感丰富的右脑思维的人和务实但创造力逊色的左脑思维的人。但是若把该定义视为我们的身份和宿命的一部分，将是非常危险的，尤其是涉及我们的工作方式的时候。在当今的世界经济体系中，片面的思维方式无法取得持久性的成功。例如，若一个设计师想要在这个迅速发展的数码工具时代在其专业领域占据一席之地，就必须同时开发左右脑（在第 4 章对该需求有详细介绍）。而商业领导也不能落入片面思维的俗套。

当前发生的全球性金融危机可以很好地说明片面思维所造成的后果。片面思维是一种左脑式战略，其基本信条是：今天能带来金钱利润，在未来将永远能带来金钱利润。事实上，很多左脑式战略都类似于"滚雪球骗局"，需要以有限的资源去满足永无止境的需求，因此这种战略是非持续性的。毕竟人数是固定的，不可能永远有受害者，一旦你骗取了他们的全部钱款，不法抵押放款公司或对冲基金就不能继续从他们那里得到好处。但是华尔街仍在进行尝试；实际上，在我写这本书的时候，抵押证券市场正在蓬勃发展，而这一相同情况曾在四年前引发全球性经济危机。

同样是这种片面思维还得出了具有极大影响力的商业战略，该战略的基础是通过削减成本，从人工或产品中榨取价值，并未对产品的发展或品牌价值提升进行任何新的投资。到一定时候，就到了减无可减、省无可省的地步。由于产品已失去了品牌价值，顾客会转向购买其他价格较低的产品。接着，当危机袭来时，那些因为追求用最少的投入获得最高利润而引发大量问题的理性掌权者开始寻求创意解决方案——但又不明白这样做同时也意味着要接受创造性的、往往很模糊的提议。不幸的是，很多有才能并有能力解决这一危机的人已经受够了压抑，去了其他公司。而那些仍留在公司的人则不再有动力。

现在是不是所有理性的商业领导都承认，他们需要和有创意的人才进行平等的合作呢？创意人才是否会认为他们需要走出自己的舒适区，不再扮演"受害者"的角色，并通过发挥职业能力为自己争取平等的权利呢？答案是否定的。掌权者——有些是所谓的创意顾问——的思维往往比较片面，他们会尝试其他方法，如宣扬"人人皆有创意"这一理念，该理念对没有创意的人极具吸引力。我认为，这一理念非常荒谬。我们出生和成长的环境显然在创造力的发展方面起着十分重要的作用。我们的家庭、老师和朋友以及我们所在的社区和国家影响着我们对创作过程的鉴赏和态度。正如破译了人类基因组的克雷格·文特尔所言，"我们没有足够的基因来证明生物决定论的正确性。人种的多样性不是由基因决定的，我们生存的环境起着至关重要的作用。"

然而，每个有创意的人的确都可以通过学习变得更有创意，而任何比较理性的人都可以学会尊重并深入理解创意人才，这是事实。双方都需要结束右脑和左脑之间的对立，要学会合作和分享，共同行使权力。机构、公司和社区一定要实现这一转变。苹果公司所实施的以设计为导向的战略促使其取得了巨大的成功，这不可否认地证明了设计和创意的作用。然而，仅是说"我们想成为这一行业的苹果"不足以激发设计和创意的能量。创意关系到能力、领导力和道德标准，而这些也是当前所缺乏的，我们必须改变这种局面。我们还要保证每个有创造潜力的人在很小的时候就有机会通过某种方式发展自己的能力。

不幸的是，目前培养创意的环境不够充足。传统的商业教育和商业活动注重的是理性和成效，这严重阻碍了创意人才的发展，也扼杀了很多公司企图提升职业能力和人文关怀能力的努力。此外，创意还受到政治正确性的压制，尤其是在美国。左翼过度强调自由主义，而右翼强调虚伪的、宗教式的热情，因此这一运动迫使很多孩子成为政治意愿的牺牲品。

分别处于两个政治极端的派别严重阻碍了天资聪慧的孩子们的发展。超自由派坚持"平等"，他们扼杀了孩子们的天赋和创造性思维的发挥；极端保守派要求给孩子们讲述"创世纪"等中世纪时期的话题，同时还削减了在艺术课程上的经费，因此他们也扼杀了孩子们的天赋和创造性思维的发挥。从一入学，众多有天分的孩子就遭到扼杀，或给他们进行思想灌输。等他们长大进入人文学院或设计培训课程时，大部分孩子对创意的看法都非常肤浅。

要结束"左脑和右脑之间的对立"，需要我们改变对创意的态度和看法，但是这也需要我们理解极具创造性的人和高度理性的人在思维方式上所存在的真正差异。奥地利格拉茨大学差异心理学系主任兼教授阿尤沙·C·诺伊鲍尔（Aljoscha C. Neubauer）博士和同事安德烈亚斯·芬克（Andreas Fink）通过创意测试对人类的脑电波进行了研究，创意测试中的任务十分简单，如让受试者描述"你能用一块砖做什么"。如下图中的数据所示，研究结果显示：同极其缺乏创造力的人相比，极具创造力的人更多的是依赖右脑来解决创意问题。[3]

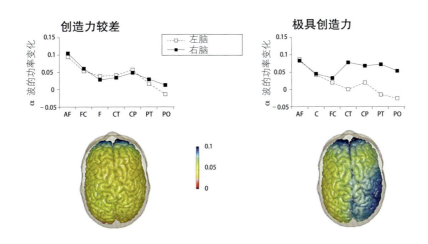

同创造能力较低的人相比，极富创造力的人更多的是依赖右脑来解决创意问题。[4]

发挥创造力时的另一个物理效应是刺激大脑产生多巴胺，多巴胺能提高人的认知能力——即构建概念联想、形成语言技能以及引发积极情绪的能力。诺伊鲍尔的测试结果显示，"思绪集中"时大脑的右半球会产生 α 脑波，"思绪集中"的基础是积极的态度、强烈的动机、兴趣、知识、经历和高智商。这些测试所支持的一个观点是：在积极、安全的环境中，人的创造力可以得到极大的开发。发挥创造力不是随机行为，同音乐演奏能力一样，创造力也需要培养，将这一点铭记于心十分重要。总之，同所有训练一样，熟能生巧。

大脑功能上的差异性也许可以解释为什么有些创造性较低的人不尊重甚至非常反感那些极富创意的人，无论是因为他们想维护自己的控制权（"我有钱有权"）还是根本就是在"羡慕其创意"。为了和同事建立良好的关系并与其开展有效的合作，每个人（无论其创造力有多强）都必须知道并了解右脑和左脑的运作机制。强有力的合作还需要个人翻译技能，所有的合作者都要能让对方明白自己的新想法或流程，包括创造力优势、合理的相关性以及潜在的效果。

弄明白生理差异和神经差异是培养个人和公司创造力的开端。很多企业和教育计划也正在创建积极的环境，以真正促进创新思维和创新行动的发展。但是在培养创造力方面，我们能做的还有很多。很多企业和经济体都对创造力持轻视、否定的态度，首先我们需要转变这种态度。当我们乐于接受新体验、新思想，并愿意将复杂的挑战视为积极因素时，我们的创造性思维就会迅速发展。此外，我们还必须从积极的角度来审视危机，不能认为失败就意味着不好。实际上，我们所有人都要接受这一点：我们从失败中学到的远远多于从成功中所学到的。如果我们乐意探索未知领域，愿意从全新的角度去思考和理解问题，并乐于接受由此获得的个人认可和回报，我们的创造力同样也会灿烂绽放。

虽然生理因素和环境因素会对我们的创造力产生一定的影响，但是我们还需要明白创造力并不是一成不变的，它可以改变。同音乐演奏能力一样，创造力可以通过训练得到提升，这对意图开发自身的创意潜能的企业意味着什么呢？创意人才在企业中仍会只占少数，在发现创意人才后，领导层最重要的工作就是指导他们发挥领导能力。当将创意人才培养成具有创造力的领导和合作伙伴之后，企业的创造力将得到最大程度的提升，而这些具有创造力的领导和合作伙伴给企业带来的价值是全球性的。同时，我们这些具有创造力的人——战略师、创业者、设计师和教育工作者——一定要获得必要的权力，以促进这种体制的建立。

团队合作、打破常规

创造性思维需要包容模糊性和非常规性的概念，因为创造力和从众思维很难共存。事实上，创意人才应该是不循规蹈矩的人，或许甚至是有点疯狂的人。最后，我们必须明白唯有在团队协作中才能有效放大创造性思维的作用。也许将打破常规和团队协作相结合听起来似乎有些矛盾，但是我已从与青蛙公司的同事和学生的相处中看到了二者的结合。阿尤沙·诺伊鲍尔也从同各个测试小组所做的一系列测试中证明了这一"非逻辑性"的结合。

无论是个人还是团队，创造性新理

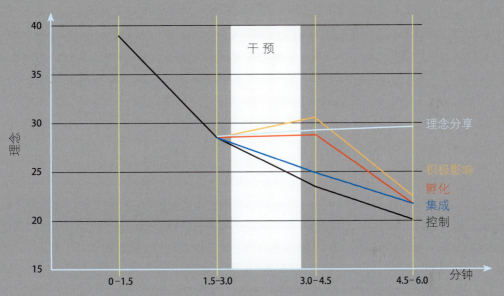

来源：阿尤沙·C·诺伊鲍尔，安德烈亚斯·芬克（2009）。人类大脑图谱，格拉茨大学

念都在迅速减少。包括孵化在内的大部分干预措施对这一变化的影响都较为有限。诺伊鲍尔的测试显示，理念分享是维持或提升受试者的想法的质量和数量的唯一干预手段。[5]

我们之所以要结束"左脑和右脑之间的对立"的局面，目的十分简单：我们需要将目光短浅的金钱资本主义转换成可持续性的创意资本主义，这就意味着我们要从"想要购买"提升到"想要使用、享受体验"的阶段。我们面临的最大挑战是对整个文化做出足够的改变，以激励创意人才，鼓励他们接受领导职位的挑战，并维持他们要攀到商业高层的毅力，因为在商业高层他们可以做出"创造性"的决策。这一挑战是创意革命的根源也是成果。

我们要如何在商业领域，进而在世界经济中建立一个更具创造性的经营模式呢？虽然我和很多成功的企业进行过合作，在职业生涯中取得了很大的成功，也获得了不错的回报，但是当谈及提升企业内部的创造力这个问题时，我仍然是一个理想主义者。当前很多掌权者就像在温水中煮青蛙一样，公司环境日益混乱，但他们却无动于衷，直至他们或他们的企业毁灭。我认为我们无法期望他们会做出根本的改变。很多创意人才也面临同样的问题，他们无法也不愿"跳"到领导的地位。因此，我建议我们要投身于创意革命，这场革命要始于教育（在第 2 章，马库斯·克雷奇默尔对此进行了详细介绍），进而扩展到工业和经济中的各个方面。我们要物色有创意的人，对其进行教育、指导，将其培养成新一代的创意人才和领导人物，使其在设计、商业和政治中发挥才能，提升他们的能力，这样他们就可以专注于某些必要的技能，以将工业和商业人性化，并应对人类当前所面临的多种挑战。现在让我们来探讨一下创意革命的萌芽已发展到什么地步，以及我们如何推动这场革命的发展，使其对社会各个方面的创造者、决策者和有一定影响力的人产生影响。

发起职业革命

我们人类是物质文化的创造者、生产者和使用者，但往往也是其浪费者。"创造"是工业生产过程的开端，但战略设计师还必须对这一过程中的其他因素有一定的了解。创造始于思考、策划和想象。无论设计师要设计什么或做什么，他们首先必须预测甚至模拟产品在整个生命周期会产生怎样的效果。战略设计师要推广他们所创造的所有产品或流程所带来的用户体验。为做出必要的决定以确保最满意最有效的用户体验，设计师必须具备梦幻般的想象力和广泛的专业能力。

丹·平克在 *A Whole New Mind*(《全新思维》) 一书中指出："未来属于那些右脑思维发达的人，他们具有创新能力和共情能力，这些能力将决定一个人是否会取得成功。"[6] 平克列举了在创造性上取得成功的六大要素，这听起来很像是狂热的"美国式乐观进取态度"；但我很喜欢他列出的清单：设计、故事、交响、共情、游戏和意义。我认为共

↑ SUN 微系统公司 SPARC 工作站系列，1987 年。摄影：DIETMAR HENNEKA。

情能力是最重要的因素，我们应该注意到共情能力完全不涉及"金钱"。平克认为只要听从他的建议，就会"人人皆有创意"。我觉得这有点片面，在本章前面我也对我所持的否定态度做了解释。例如，你可以说人人都会做饭，但这并不意味着每个人都会做出我们喜欢吃的东西。同样，并不是所有人都能做出不错的设计。或者还可以说，任何人都不能独自进行设计。设计师处在一个十分复杂的生态系统之中，他们要与很多专业人士进行合作。这个系统存在限制，但也能带来很好的机会。发挥团队的力量和创造性的领导能力，战略设计师将成为这场革命的主导。

我在《一线之间》一书中介绍了多种不同类型的设计师：古典设计师如迪特·拉姆斯（Dieter Rams）、荣久庵宪司（Kenjii Ekuan）、马里奥·贝利尼（Mario Bellini）以及埃托雷·索特萨斯（Ettore Sottsass），他们的作品以美观和高性能而著称；艺术设计师如菲利普·斯塔克（Philippe Starck）、卡里姆·拉希德（Karim Rashid）以及罗斯·洛夫格罗夫（Ross Lovegrove），他们主要以设计作品的视觉吸引力而闻名；此外还有大量默默无闻的公司内设计师，他们的工作并没有引起人们太多的关注，却对世界各地各个公司和机构的经营效益起着很大的促进作用。今天，我要补充第四类设计师，即战略设计师，他们的设计会真正产生世界性的影响。如苹果公司的乔纳森·艾夫（Jonathan Ive）、大众汽车公司的沃尔特·达席尔瓦（Walter DaSilva），或原飞利浦、现伊莱克斯公司的斯特凡诺·马扎诺（Stefano Mazano）等人均在公司担任高层主管。还有一些人在非常不错的设计公司——如保时捷设计公司、GK 设计公司或青蛙设计公司——担任领导，他们的思想十分前卫，在公司具有重要的影响力，他们界定了"战略"的含义，并为全球各行业领军人物提供咨询服务。

上述每类设计师都为视觉文化和物质文化的发展做出了一定的贡献。古典设计师将设计的影响扩展到"美观化"以外的范围，他们给予消费类电子产品、家电以及其他行业以新的定义。艺术设计师将技术含量较低的生活产品（如家具、灯饰和奢侈品）在风格和外观上进行了全新的改进。但是由于这些设计师关注的是风格和个人品牌，而不是设计的变革性力量，所以他们的影响一般只局限于利基公司或生活类出版物。他们很少通过什么方式或战略使用户体验得到很好的提升与改变，如变革生产模式、保护自然资源或改变世界的思维方式。

我认为，古典设计师和战略设计师将是文化设计革命的领军人物。我工作的中心是培养古典设计师和战略设计师，以及以最有效的方式培养商业领袖，引导他们发挥这类设计师的力量并给他们丰厚的回报。太多的设计师在炮制 T 恤和旅行马克杯的新风格，他们都是这一职业的时尚受害者。我的目标是培养高素质专业设计师，他们要能产生必要的影响力，对世界做出重大贡献。

权力平衡的转变

在设计师看来，"妥协"不是一个好词，而"顺服"更是一个近乎致命性的错误。1969年我创立公司时，很多商业人士都把我视为傻瓜或经济奴隶，因为他们一直都在和那些愿意承受这种欺压的设计师一起工作。最初他们提供给我的工作报酬极低，设计项目既没有任何战略性也没有在可持续发展方面有所考量。我不愿妥协也不想屈从。我坚信设计应该会对公司的经济效益产生很大的影响（如开拓新市场、生产新产品或提供创新性的解决方案），于是我继续寻找新客户，这些客户有需求有远见，他们想要开创一片新天地。我有积极进取的精神和坚强的毅力，用我的妻子和合伙人帕特丽夏的话来说，我还"拒绝面对现实"，于是幸运女神开始对我露出了微笑。

第一个改变我的生命轨迹的客户是贵翔公司（Wega）的老板迪特尔·莫特（Dieter Motte），当时的贵翔是一个有300万美元资产的德国消费类电子产品家族企业。迪特尔·莫特鼓励我为其企业开创一个新领域。虽然我们之间不断出现分歧，但这并未让我怀疑自己内心的呼声。迪特尔给了我很多指引，他对设计的期待无限宽广。刚开始时我犯了很多错误，并和他的策划团队和营销团队产生了很多冲突，但他陪我度过了这一切。我们的合作在多个层面上都取得了成功。贵翔获得了国际认可，在四年的时间里我们的收入增长了10倍，该公司于1974年被索尼公司收购。

此次合作的成功奠定了我未来的职业以及未来客户的发展方向：卡雅盛邦公司（Kaltenbach & Voigt）成为全球领先的牙科企业（现在属于美国丹纳赫公司）；专门制造淋浴喷头的汉斯格雅公司（Hansgrohe）起初只是我父亲的故乡——黑森林希尔塔赫——的一个小企业，后来发展为全球性卫浴设计公司（现在属于美国得而达水龙头公司）；路易威登（Louis Vuitton）之前是一个小型专业箱包制造商，所开的两家店分别位于巴黎和尼斯，其收入大约是1400万美元，后来发展为全球性的奢侈品帝国。除了在这些公司取得的成功，我也很荣幸协助索尼公司将其精密的技术推向了全球。1982年我接受了史蒂夫·乔布斯的聘用，加盟苹果公司，我迎来了职业生涯的首个巅峰。

所有成功的合作都有一个非常重要的特点：直接同高管进行合作。在我合作过的公司，在企业家、公司老板和首席执行官有合作的兴趣并予以支持的情况下，我可以同它们的工程、生产和营销团队开展广泛的合作，并能得到它们的支持。双方之所以能达成

PACKARD BELL 品牌与电脑，1992 年。摄影：DIETMAR HENNEKA。

合作是因为彼此都持有这样一个简单的信念：任何企业、任何品牌的成功都取决于其生产的产品及其营造的体验，这比竞争对手所能大胆设想的任何东西都更有价值。

我之前合作过的所有客户都明白创意和设计是他们所能采取的最佳战略手段，仅凭财政和员工数量不能实现文化创新。他们还明白设计不能讲民主，你一定要同最优秀的人才进行合作才可以取得最佳的效果。目光远大的领导层不再认为经济成功是获得个人和公司权力的唯一基础。他们不会利用自己的职权去命令创意人才应该做什么，也不会通过虐待或不合理的工资制度对其进行剥削。我有幸进行过这样令人欣喜且回报率较高的合作，我亲眼看到了他们的发展给设计师和他们所合作的机构以及该行业和市场所带来的好处。这就是我如此关注文化设计革命的发展的原因，且文化设计革命将把这种合作关系视为我所从事的职业领域的常态。

以设计为中心的制胜战略

今天，权力转移已成为现实。理性的"管理人员"仍紧抓权力不放，但是他们的统治很快就会结束。世界各地的企业已经意识到资金和价格的竞争以及生产过剩会导致利润缩水，并最终造成亏损。虽然成本效率仍然是最重要的经济战略，但成本效率注定导致经济和生态瘫痪。管理专家加里·哈默尔（Gary Hamel）于 2010 年说过："以效率为中心的战略就像从岩石里挤水"，苹果公司的 iPhone 占全球手机生产总量的 8%，其收入约占全球总收入的 32%，其利润约占全球利润的 46%。那些将设计视为"附加费用"的人只是尚未认识到设计的重要性。目前，商学院仍存在很多无视设计的种子，并在风险投资公司生根，在很多行政办公室和董事会会议室里开花结果。

今天，最成功的新公司所依赖的不是生产出新颖的实体产品，而是构思出新想法，加强人与人之间的互动。比如，谷歌起初是一个发布个性化广告的商业性搜索平台；Facebook 是一个社交媒体平台，它邀请人们分享自己的个人经历和内容；此外，还有轻博客平台 Tumblr。即使是老牌虚拟公司，如微软、甲骨文和 SAP，也面临着转变战略需求的挑战。年轻的企业如 Salesforce.com，打破了企业软件的封闭、独享模式，通过互联网来销售智能应用程序；而甲骨文和 SAP 却被迫出资数十亿美元收购具备云能力的公司，因为它们缺乏内在创造力，无法在新兴市场中进行竞争。

已故的史蒂夫·乔布斯邀请创意人才加盟其公司，并将他们视为公司的关键人物，因此他将苹果公司发展为最具影响力的美国公司。现在世界各地的商界领导都开始效仿其做法。像宝马和奥迪这样的汽车公司非常清楚大部分客户之所以购买其产品看重的是其优良的设计和品牌形象，因此在设计上不惜投入巨额资金。这些行业以及许多其他行业的领导层都明白设计投资的回报率可达100：1，这是其他影响产品是否成功的因素（如质量、技术或性能）所无法达到的。[7]这些公司将设计视为企业战略的核心要素，因此在市场上取得了巨大的胜利。它们同时也了解到，通过正确地引入设计，同样可以降低生产过程中的花费及流水线费用，改善高产品生命周期的管理，打造品牌价值，将客户转变为忠实的追随者，并获得最大利润。

数字具有很强的说服力，而且所有今天和我交谈过的领导几乎都希望他/她的公司成为像苹果公司一样成功的公司。随着越来越多的左脑思维式的主管和风险投资家认识到创意和设计的经济力量，越来越多的公司现在正在采纳以设计为中心这个造就了苹果的战略。（约翰娜·舍恩伯格在第9章中讲述了这一审视和引领商业战略的新思路。）越来越多的设计师具备了必要的职业能力、勇气和学科意识，以在企业内部担任领导职务，因此越来越多的公司目前正实施以设计为中心的战略方案，以扩大和塑造市场。正如我之前所言，从创意教育到职业实践都需要从更现实的角度进一步了解战线双方所需的能力，用跨学科的合作伙伴关系取代内在的左脑和右脑相矛盾的状态。这场革命涉及的不是虚假的承诺或权力争夺，而是现实眼光、职业以及塑造当前及后代的生活。

彻底变革体制

当前的物质世界正和虚拟体验进行融合，社会问题和生态问题对人类生活的重要性也日益增加，但是创意教育的处境仍非常不乐观。虽然世界各地有很多积极进取的优秀教师和学生，但是当前的教育体制却忽视了生活现状，这就需要从设计到生命科学、商业、技术和社会文化等专业共同进行一场创意教育革命。我们生活的世界极其复杂，因此这场革命不能仅依靠和钱打交道的专家。我们需要既有想法又用心的创意人才，也需要能发挥创造力的手段和工具。下图显示的是一个能激发并支持此类创造力的体制结构。

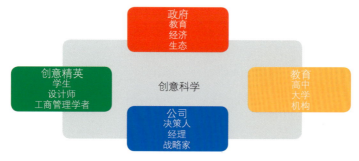

图：上海视觉艺术学院与艾斯林格工作室开设的德稻战略设计大师班
战略科学不仅局限于企业，还会影响并推动创意思维在社会生活和政治生活各个方面的发展。

你可以看到新型的教育模式是整个体制的中心。有人认为很多具有创造力的孩子遭到学校的忽视甚至恐吓，而且大部分设计师都是在艺术系培养的，他们完全脱离了社会、生态以及教育现实。这一观点从根本上来说是错误的。此外，还有一些人天真地认为，那些表面上看起来很新颖的管理模式（如"创意思维"）能够帮助左脑思维的人变得更具创造力。如音乐演奏能力一样，提升设计能力的关键也是实际行动，而不是口头说说而已。实现提高设计在经济模式中的地位这一宏伟目标的唯一途径是在高中和大学开设跨学科研究机构，建立一个创意及创新设计社团，为那些将在可持续发展的过程中开拓一片新领域的先锋人物提供一个施展创造力的平台。

此类新型设计教育中心不仅能提高学生的合作和领导能力，还能培养学生的个人创造力，促使学生施展创造潜能。在偏重理性的传统教育体制中，视觉艺术、音乐以及诗歌等创意学科并未受到重视，甚至有人认为这些学科会干扰真正的教育事业。富有创造力的学生具有非线性、直觉性甚至是混乱的思维方式，但是他们往往被视为扰乱正常教学的坏学生，因为学校的主要目标是在标准化考试中取得尽可能好的成绩。不久以后这些学生就变得有点愤世嫉俗，并竭力挽救自己的创造力，这也让他们长期以来都将自己视为局外人，在内心默默关注自己的潜能。本书将介绍这种革新式的教育体制，培养学生的创造力，使其在社会的各个领域发挥自己的作用，进而推动文化变革，促进全人类的发展。

多少付出要有多少回报：金钱的本色

重塑社会态度、商业环境以及教育体制是发动文化设计革命的关键步骤。但是要将激发革命的理念转变为长期现实，还需要我们重新思考战略设计师应得到多少薪酬才合理这个问题。如果设计师要担任领导职务并成为企业战略的核心力量，他们就一定要得到合理的回报。否则，在选择职业时，他们将另谋他职，而我们也将失去最需要的人才。下面让我们来看一些真实、客观的数据，以弄明白设计师所处的经济现实。

下面的数据是奥地利、德国和英国的设计师 2009 年在缴纳税款及社会保险前的平均年收入。2009 年青蛙设计公司在美国、荷兰、德国、意大利、南非、乌克兰、印度以及中国的 14 个工作室的年度支付薪酬平均为 68,000 欧元。

- 奥地利约为 16,000 欧元 [8]
- 德国约为 28,000 欧元 [9]
- 英国约为 32,000 欧元 [10]

不同国家的收入差距比乍看之下的要大得多。80% 的德国设计师的年收入在 18,000 欧元到 36,000 欧元，其最低薪酬几乎接近贫困线的水平。德国官方设计协会似乎也对这种困境感到无可奈何。人们普遍所持的观点是"设计师挣不了大钱"或"你必须在设计和财富之间进行抉择"，这表明设计师要想获得同其他学术职业同等的地位还有很长的路要走。

奥地利的情况更糟。2010 年，我和当时我的一名博士生对奥地利设计师的经济状况进行了广泛的研究，我们尤其关注的是之前所在的维也纳应用艺术大学的校友。研究小组中 37% 的设计师在 2008 年的年收入是 10,068 欧元，这比奥地利划分的独身家庭贫困线（11,400 欧元）的水平还要低。还有 25% 的设计师的年收入是 20,000 欧元。应用艺术大学的校友平均每周工作 52 小时，其中 80% 的人不得不从事第二职业。事实上，65% 的人都认为他们的经济状况非常糟糕且压力太大。[11] 此外，大多数人都指出他们很不开心，成家立业的事想都不敢想。

需要讲明的是：金钱不是创意事业的首要目标，但却反映了雇主以及整个社会对创意人才的看法。更令人烦忧的是，也许这也说明了为什么大多数设计师在学习了 4～5 年的设计后却依然缺乏工作能力和职业技能。

我曾和约翰娜·舍恩伯格合作为奥地利科学基金会（FWF）做了一个研究项目，下面是该项目的简要结论。

问题

• 在过去的几年里，设计的权限在国际上发生了怎样的变化？奥地利的执业和教育模式在国际上的排名是靠前还是落后？

• 社会要做出怎样的改变才能让奥地利的设计师充分发挥潜能，同时也让奥地利的所有企业和整个经济都可以充分发挥自身的能力？

为解答这些问题，该项目是根据格拉泽和斯特劳斯于1988年建立的"扎根理论"这一定性方法进行研究的。

研究结果

1 从国际范围而言，在经济、生态和可持续性方面，设计师的设计质量和设计相关性存在很大的差别。例如，美国的设计行业已经建立了新的工作流程和工作方法，这对设计师产生了很大的影响，促使他们设计出了更好的战略规划和实施方案。战略设计这一新型实践方法的特征是将借助创造性的方法和过程来解决创新和商业所面临的挑战（如实体-虚拟产品、服务、体验、商业模式以及人类的各种交流手段）。其目标是帮助各个企业和机构释放潜在的创造力和战略性能力，推动其成为全球的领军力量，促使其肩负起应有的责任并推动社会的可持续发展。相比之下，"奥地利式设计"的特征依然主要是审美和艺术性的自我反思。至今奥地利都拒绝采用已经在全球范围内证明其效力的观念。

2 除了为数极少的几个例外，奥地利的设计教学模式是导致这一现象的主要原因。奥地利依然极其注重"作者设计"，这种设计模式虽要求设计师具备一定的艺术天赋，但其基础仍然是传统低科技含量的艺术品和工艺品，如木工制作、织物、陶瓷以及玻璃制品等，这些产品主要应用于家具、视觉艺术、时装以及家居用品。在美国首创并展开应用的战略设计，其超前的功能已经带来了技术创新，促进了人类学意义上的进步，推动了经济、社会以及生态的可持续发展。然而，到目前为止，奥地利的设计教育在这些方面只取得了非常小的进步。因此，无论从概念上还是经济上，奥地利的设计产业和设计师都没有同国际接轨。结论如下：

a 奥地利的设计师必须承担起新的责任。他们要迎接挑战，并要肩负起领导责任；此外，他们不能为自己找托词，说自己是"被误解的艺术家"。他们要掌握必要的能力，以完成在经济、社会和环境方面所肩负的重要使命。

b 审视世界面临的新挑战和新机遇，我们就会发现回避科学的、以艺术品和工艺品为中心的教育模式已经过时。设计学校必须用整体教育模式取代过时的教育模式。因此，要在世界范围内选择教授和教师，选择的标准是具有足够的专业资格和职业道德。

德国、奥地利政府及公民大约投资了 200,000 欧元支持为期 5 年的"工艺美术"计划——一项设计师集中培养计划，你已经看到他们这些设计师大部分都缺乏积极进取的职业追求或人生期待，更不用说设计可持续的未来工业所要必备的能力了。统计数据显示，只有 10% 的设计专业学生能找到满意的工作，只有一小部分人能利用获得的机会在公司的战略或经济效益上发挥某种有意义的作用。其实我们可以做得更好。

人们普遍认为所有的设计师都是永远的失败者，我个人的亲身经历可以说明这一点。每当我重返故乡——德国黑森林——的时候，我们必定在纳德尔德的基诺餐厅（西西里岛北部最好的意大利餐厅）聚餐。基诺餐厅没有预订服务，有一次在见过斯图加特一家大公司的几名主管后，我在一张桌子旁最后一个空椅子上坐了下来，当时桌旁已坐了 6 个人。我同对面的一位绅士开心地交谈起来，最后谈话的主题转到"你谋生的职业是什么"。他告诉我他曾是一名成功的企业主管，退休后担任了公司的顾问。我说，"我是一名设计师"，他听后叹了口气，问道："那你是怎么维持生计的？"

任何人都不希望成为失败者，也不会鼓励他们的家人寻求一份吃力不讨好的职业。如果我们要吸引顶尖人才迎接挑战去做一名设计师，我们每个人都有责任积极促进改变设计师的经济状况。而且这一变化已经发生。在维也纳应用艺术大学，从我的 ID2 班毕业的学生现在受聘于世界各地的优秀企业和机构，（据我所知）他们的起步年薪大约是 38,000 欧元。当然，当我离开维也纳的时候，"帝国"反击了。我们所取得的进步并未激励大学的领导层继续沿着我们的步伐前行，他们聘用了一名艺术家兼设计师取代了我的职务，因为"是时候让艺术回归了"。

由于这些原因，我一直都致力于促进创意教育的发展，进一步培养设计师的专业素质以及建立更完善的教育机构，以推动职业模式的转变。我想通过全球巡讲来启发和指导学生，多年来我一直都在德国卡尔斯鲁厄的"设计学院"担任教授。从 2005 年到 2011 年，我曾任职于维也纳应用艺术大学。自 2011 年 10 月以来，我一直负责组织德稻大师学院和上海复旦大学视觉艺术学院的战略设计大师班。我很高兴地告诉大家，"新"国家（如中国）非常欢迎新方案和新项目，这将提升新兴战略设计师的地位和薪酬水平。但是这些变化本身是不够的。变化是那些充满智慧的、具有创造力的人促成的。我们需要的是更加优秀的人才，而合理的薪水以及有趣、有意义的职业是促成这一转变的根本动力。

就是现在

现在,创造力成为一种"潮流"。城市研究理论家理查德·佛罗里达(Richard Florida)甚至认为,我们可以看到创意在地球上留下的痕迹。佛罗里达在研究都市中心夜景的基础上提出这样一条理论:只要是充满人造灯光的地方,就是一个"正在崛起的创意阶层"的中心或走廊。佛罗里达认为,在技术专业人士、艺术家、音乐家以及新近界定出的"高波希米亚人"这一群落越集中的地方,经济就越发达。佛罗里达的理论不能说全无道理。促进经济取得前沿性发展的因素不只是城市生活方式,还有创业生态空间(如硅谷和现代智能工厂)、政府的地缘政治野心以及历史。只需看看从意大利贯穿到德国、荷兰和英国的"走廊"以及其涵盖的众多顶级大学,你就明白了。这条走廊促进了文艺复兴和工业革命的发展,这条走廊留下了罗马帝国的足迹,这条走廊将继续给欧洲带来巨大的影响。

理查德·佛罗里达的研究所关注的地区(如美国东西部海岸、东京湾以及中国东部海岸),在那里手握权力的左脑思维的人掌管着具有创意的人。然而革命已经开始。从本书所做的研究以及讲解中你可以看到,我们这些创意人才正朝着在职业上取得巨大的成功、创立更具活力的创意文化并最终营造一个更幸福的世界的方向发展。创造力的作用已经开始发生改变。现在我们必须将之付诸行动。

1　记者 John Markoff 在文章中写道:"苹果公司的总裁建议,Michael Dell 应把他说过的话吃回去"(2006 年 1 月 16 日,《纽约时报》),可在链接 1 所指向的网址查看详情。
2　来源参见链接 2,Silicon Alley Insider 2/2011。
3　安德烈亚斯·芬克,来自 *The Creative Brain: Investigation of Brain Activity during Creative Problem Solving by Means of EEG and FMRI*, Human Brain Mapping,2009 年 3 月 30(3)734 – 748 页。
4　来源：阿尤沙·C·诺伊鲍尔,安德烈亚斯·芬克(2009)。人类大脑图谱,格拉茨大学。
5　同上。
6　引自 Daniel Pink 的书 *A Whole New Mind*,2005 年,纽约,Riverhead 精装本。
7　BMW 前执行官,在不透露姓名的情况下和我谈到新产品的投资,BMW 的投资中 0.8% 用于设计,而 78% 的客户是因为设计而购买 BMW 的车的。
8　2009 年奥地利创意产业的报告。
9　2010 年德国 BDG 的 VDID 报告。
10　2009 年英国设计委员会。
11　来源:2009 年 8 月维也纳应用艺术大学,Der Standard 报。

2 建立创意科学

马库斯·克雷奇默尔

要创建一个新型的设计文化,我们必须从头开始。前面已提到,我关注的主要是设计教育。我曾在维也纳应用艺术大学任教,这让我有幸接触了一些在设计方面颇具前途的年轻人才。这一章是由我的博士生马库斯·克雷奇默尔完成的。这里的观点和信息是从他的博士论文里拿来的,这些观点和信息可以让我们从一个广泛而深刻的角度审视在教育体制中我们是如何看待创造性的。他简要介绍了我们是如何建立起当前的教育模式的,并卓有见地地设想,我们怎样按部就班地实现一种更具创造力的可持续文化设计方式。

"现在这个世界是我们用一种过时的思维创建的。由此产生的问题无法用同样一套过时的思维去解决。"

——阿尔伯特·爱因斯坦

在日益复杂的问题面前,全球社会显得越来越无助,但我们仍理所当然地认为当前的世界、环境以及生活方式永远都不会改变。虽然现实告诉我们"必须改变这种状况",但我们却认为"这种状况将一直持续下去"。只有变革我们的思维方式、生产方式以及人类同社会之间的互动关系,我们才能看清现实;这场变革要求用一种新式教育方法来培养设计师,这些设计师要肩负起开创新式文化的责任。我们需要建立一种新型的创意教育模式,尤其是新型的设计教育模式,我把这种模式称为"创意科学"。当前的教育模式在培养学生处理复杂任务的能力和创造力上是不足的,而这些能力是我们解决当前面临的挑战、探索出以人为本的可持续发展方案所必需的。

⋯ 桌上型 MEDIATOR 研究,1986 年。摄影:DIETMAR HENNEKA。

气候变化可能是我们当前面临的最迫切解决、最复杂的问题。多数受人尊敬的科学家都认为，在不到八代人的时间里，地球的温度将大幅上升，那时，这八代中有六代将已经成为历史。伴随气候变化发生的是广泛的、长期的产品文化危机。我们生产的产品技术含量高、审美效果佳、生产成本低，但是我们既没有时间也没有意愿去合理地使用它们。我们往往只因为一个按钮坏了就扔掉整个设备，也因此扔掉了极其宝贵的原材料。而在丢掉的时候，我们通常都不知道我们为什么需要那个键所控制的功能。

浪费型的产品文化带来了巨大的危机，这就急需设计师想办法来改变"这种状况将一直持续下去"的情况。若继续实行20世纪所采用的促进产品开发的方法，必定会给全人类造成严重的负面后果。每个专门学科都有责任解决我们当前面临的问题，设计行业与教育领域也必须开始思考如何为解决这个问题做出一份贡献，并要设法提出解决问题的方案。

对设计师而言，也许这意味着"我们所认识的世界的终结"，但是我们有充分的理由去展望一个更美好的新世界。设计师很难遇到比现在更好的创意机会，事实上，今天的设计机会同一个世纪以前促进工业现代化进程的时代一样多。在那个时代设计发挥了极大的作用，所以现在没有理由怀疑设计可以在刚刚开始的可持续发展的时代焕发更有力度、更有魅力的光彩。事实上，在设计职业经历了几十年漫无目的的萧条期之后，今天的设计师有许多机会去影响产品文化，并从根本上推动它的发展。通过设计来改善气候，这对我们的生存至关重要，我们不能被动等待，我们必须积极地行动起来。设计最终必须发挥其影响力。

开创可持续发展的文化

作为一门学科，设计和工业现代化有着密不可分的联系。工业生产过程、企业交易以及个人消费等领域是设计可以大展宏图的地方。设计不断影响着消费者的喜好，设计影响并推动了工业现代化的进程。因此，设计在解决我们在21世纪初所面临的巨大的全球性问题上发挥了一定的作用，但设计也应该能在很大程度上推动建立一个更加人性化的可持续性经济体制。

不幸的是，当前大部分设计作品的本质从根本上来说都是审美性和工艺性的，因此在复杂的全球性问题面前，它们都显得越来越无力。这一失败部分来源于对设计师教育方式上的失败，大部分设计师能力不足，缺乏发动文化革命以促成积极变化的动力。因此，设计必须在内容和概念上进行快速、彻底的变革以应对摆在我们面前的巨大的全球性挑战。"创意科学"这一教育方式能推动革命的开展,并将设计师重新置于文化的前沿。在详细介绍这种教育方式之前,让我们先来看一看该教育方式所担负的重要角色及其面临的挑战。

面对设计的三大困境

要想重新审视设计在当前的文化模式和经济模式中所起的作用,设计师需要探究设计职业以及自我理解的本质。这一探究揭示了设计在推动建立一个可持续发展的时代上必然面临的三大基本困境。第一个困境是非常基础性的:设计师能在鼓动消费的同时坚守道德准则吗?

今天的大部分教育项目教给那些有创造力、有艺术天分的学生(这些学生的数量通常十分少)的与其说是如何解决当前面临的问题,不如说是如何恶化这些问题。在未来几十年,这些学生以及他们的后代将面临严重的经济问题和环境问题,从这个角度上来看,这种对创意人才的浪费实在是太罪恶了。为缓解工业产品文化带来的危机,为对消费模式产生深远的影响并使之成为一种文化规范,我们一定要从早期教育开始就对年轻的创意人才进行鼓励,此外,还要从道德、人性以及文化可持续性角度加深其对设计的理解。设计这一学科长期以来都得益于过度消费。在工业现代化的早期,这种关系也许很令人欣慰,但现在这种关系已不能持续下去。消费主义模式以及作为文化规范的消费方式的转变将必然成为可持续发展的一部分。[1]

对设计师而言,这显然是一个无法解决的难题:一方面,西方经济体系大部分的职能是开发更多的新产品以不断刺激消费;另一方面,世界上大多数国家(包括大多数设计师)目前都明白这种做法存在道德隐忧,在环境和经济方面也不能保证持续发展。[2] 面对这种困境,很多设计师都无能为力。[3] 为真正有效解决问题并产生深远的影响,设计师必须质疑自身的商业模式,促进开发量少但可持续性更高的产品。要实现这些目标就需要采取一种新方法来教育和培养设计师,这种新方法要能迎合他们对设计事业的看法。

这让我们看到了设计面临的第二个困境:设计师是变化的中介还是文化美容师?这第二大困境现在要比它最先出现时要复杂得多。设计已经完全融入(甚至取决于)复杂的全球化生产结构,但是由于设计的传统角色是"解决审美问题",所以设计对全球化生产结构几乎没有产生影响。如果设计意味着给我们的文化注入价值,那么设计必须把焦点转移到产品开发以及消费主义以外,培养必要的技能以创造出真正可持续的产品并提供产品渠道。对纯粹的经济基础进行重新定位是非常重要的，因为在当今社会，设计的审美作用变得越来越小。事实上，世界上有太多的设计师被教育成只能担任"美化师"的工作。

现在世界各地的企业都在寻找具有这些能力的设计师：他们要具备解决问题的能力、协作思考的能力，以及找到解决设计问题的综合性方案（而不仅仅是审美方面）的能力。目前人们正利用这些设计能力来解决当今面临的重大问题，这些能力增加了社会和公司的长期附加价值，为设计开拓了未来，激励人们通过设计来改善社会风气。为帮助解决这一问题，我们必须改革当前的创意教育大纲，将解决问题的能力、协作能力以及领导力的培养也包括在大纲之列。

设计师的角色是战略家还是机会主义者？设计师以及设计学科在当今所面临的第三大困境也为商界带来了挑战。

在 21 世纪初，企业家和设计师仍未充分认识到，若他们之间建立一个强大的战略联盟，将为未来的可持续发展带来怎样的影响。此外，很多管理者仍大大误解了主动性的创意背后所隐藏的巨大的文化潜能。

照理说，能力强的设计师应该是企业家和管理者强有力的合作伙伴，共同致力于建立一个可持续性发展的物质文化的时代。然而不幸的是，很多公司都未认识到设计的文化潜力和创造潜力。结果，大部分公司旨在开创一个可持续未来的方案，围绕的主要都是技术效率以及经济效益等问题，却未将"可持续性"这个概念付诸实施。

为解决第三大困境，企业家和设计师一定要更深入、更全面地了解彼此的作用、责任以及潜力。如果设计的任务是给其合作伙伴带去价值，这就需要提升设计师的合作能力，建立更好的经济关系和商务关系。[4] 同时，要解决这一困境，在培养创意企业家、经营者以及设计师时我们需要有新的侧重点。

为帮助建立一个真正可持续的产品文化，显然设计首先必须从战略上给自己一个新的定位，想方设法摆脱目前所面临的三大困境。通过超越原本的审美功能和艺术功能，设计可以将自己定义为推动技术、经济、生态的发展以及社会可持续发展的人性催化剂。若欲通过发挥设计的作用来为复杂的全球性问题找到可靠方案，就需要培养更多更优秀的创意人才，让他们在设计领域、商界以及社会上施展才华。学校要培养设计师的能力，使其可以在很大程度上提升全球生存环境的质量，要实现这一目标就需要制定全新的教育模式。我们需要在教育体制中普及创新教育，从 10 岁开始，一直持续到大学教育，

↖ BREAKAWAY VOCALIZER,1987 年。摄影:DIETMAR HENNEKA。

达到一种全面的设计理解。这一"创意科学"教育方式将促使设计能够快速、有效地应对我们当今所面临的巨变和挑战。

将设计的三个层面整合为一条基本原则

我们大多数人都对自己的第一辆自行车有着特别的记忆。虽然回忆的中心主要是自行车带给我们的自由感受，但回首往事我们会发现，童年时代最难忘的其实是那种感觉——第一辆自行车带给我们的兴奋，我们骑车去的地方以及中途遇到的人和事，而不是自行车本身。同理，任何产品都是整个用户体验的重要部分，但是完整的用户体验要比仅仅将部件组合在一起重要得多。这种现象在格式塔心理学中被称为超概括性（supra-summativity），它解释了为什么构成整体的唯一要素是各个部分之间有序的联系和结构。只有各个设计元素之间彼此相互作用并形成一个清晰的系统，才能构成一个整体。

人类对任何产品的使用都不能脱离实际。相反，任何产品都是一个完整系统中各具功能的部件。因此，作为设计师，我们面临着多个设计层面：产品层面涉及的是设计元素，系统层面涉及的是整个结构。但是，整体存在的前提是我们要将之视为一个整体。如何看待整体以及如何对其进行分类并最终对其做出评价取决于我们对整个结构的看法。因此，设计的第三个层面是整个系统所带来的感知。

例如，苹果公司在设计上的成功是以设计的这三个层面为基础的。首先是产品层面。在设计苹果产品时，哈特穆特·艾斯林格和后来的乔纳森·艾夫结合了迪特·拉姆斯在20世纪50年代和60年代的博朗产品设计中使用的"功能性"抽象和马里奥·贝利尼（Mario Bellini）、埃托雷·索特萨斯（Ettore Sottsass）在为好利获得（Olivetti）设计的前卫作品中展示的高科技设计诠释。在系统层面，苹果公司一直以来都奉行"终端到终端"的系统理念。苹果的 iPod 这个概念之所以成功，不只是因为各独立要素能以最优的方式组合在一起形成一个产品，还因为整个系统的所有要素都是为音乐聆听者设计的。在开发 iPod 时，苹果公司对产品的这些功能进行了优化：音乐回放（iPod）、同其他产品的交互（Mac 和 PC 平台）、购买音乐的流程（iTunes 商店）以及音乐使用流程（iTunes）。iPod 的成功表明这种互动不仅营造了一个全面的用户体验，而且从用户的角度来看还带来了较高的附加值。

此外，苹果公司还擅长处理设计的第三个层面——感知。苹果公司一贯传达的数字生活理念已成为公司的基因。苹果公司在设计上的成功并不局限于传统产品设计所关注的审美及语义需求，它通过有意识地设计用户体验，对设计三个层面间的互动进行了优化。卢修斯·布克哈特（Lucius Burckhardt）曾指出，"为明天而设计就意味着要能够有意识地考虑整个不可见的系统。"[5]

苹果公司的成功说明，为促进一个可持续发展的时代的到来，设计必须对创新有一个广泛且系统化的了解，并要摒弃这样一个旧观念——发展所关乎的主要是技术的进步，在很多情况下，就是生产出新产品。这里迫切需要对创新有一个更加全面的了解，要求人们突破产品层面，对文化层面产生一定的影响。所以这自然意味着设计必须关注人类的需求是什么，并要关注如何满足甚至改变这些需求。

重心的转移是围绕着对社会体制、企业的组织形式以及产品使用趋势的革新而展开的。当然，产品创新也可以是解决问题的最佳方案，而这一理念依然是所有设计工作的中心。事实上，这种理念是我们减少资源消耗的唯一一个现实的机会。关于如何改善四处蔓延、日益混乱的商品环境，迪特·拉姆斯建议："更少，但是要更好！"[6] 但是我们所有人都必须明白，革新所代表的不仅仅是源源不断地生产新产品。

在扩展创新观念的同时，必然伴随着创新性的设计任务的出现。世界上居住在人口高密度地区或特大城市的人越来越多，这意味着设计要进一步加深对城市基础设施的了解、从全新的角度来审视城市环境，在这一领域大力发挥设计的作用。城市园林、城市内部的基础交通设施或功能性产品服务系统（PSS）只是城市生活的几个组成部分，在这些领域设计发挥着至关重要的作用。产品服务系统常应用于城市，而产品也通常是在城市消费的。但产品服务系统设计和产品设计给我们带来了很多问题，其中一个问题是如何更好地利用现有的基础设施和产品。因此，在已有产品的重新设计和重新组装中，后工业设计必须担负起创新产品服务体系的职责。这样一来，以未来为导向的设计模式才能促进基础设施和基本体制的建立，该基础设施和基本体制将会创建一个更持续、更人性化的工业模式。

从源头到最终用户全面推行文化创新

如果设计被认为是可持续文化革新的推动力量，它就要对产品的源头施加比以往大得多的影响。只有当我们的产品从产生的过程和其他宣称的客观标准看是可持续的，它们才真正可以在可持续的文化中扮演重要的角色。因此，设计师必须将产品隐含的历史视为设计工作中非常重要的一部分。

设计的首要原则是可持续性，设计必须将目标指向产品质量的提高——无论产品在起源和文化价值方面的内在无形属性是什么，因为这些属性承载着产品的文化道德观。德国德累斯顿和莱比锡的几家为大众和保时捷高档轿车生产玻璃的工厂能很好地说明这种文化起源。在这些工厂里，领导层和员工都将生产过程视为客户体验的重要组成部分，在当地文化（如德累斯顿是一个文化大都市）及其文化价值观（如具有悠久传统的撒克逊瓷器及钟表制造商）的基础上为其产品赋予一定的文化意义。有很多事例可以说明将产品起源以及产品同文化价值观之间的关系透明化有多么重要，这只是其中之一。对"隐性文化"的全面设计已成为主流产品的一个发展趋势。

今天有非常多的产品和流程在技术、功能和审美上都能进行相互转换，因此作为推动竞争优势的驱动力量，"隐性历史"的重要性将日益增大。普利策奖得主托马斯·弗里德曼（Thomas Friedman）曾指出："今天，我们必须通过改变商业模式和商业风格——或者说通过如何做出改变——来获得竞争优势。"[7]

因此，在充满竞争的市场上日益发挥着重要作用的不仅有顾客对产品本身的信任度还有其对这一体制的信任度。通常情况下，那些使用或购买产品的消费者在产品的界定及生产上没有发言权。然而，向可持续产品文化的转变要求改变这种传统。宾夕法尼亚大学安尼伯格传播学院的传播学教授克劳斯·克里彭多夫（Klaus Krippendorff）曾指出："在任何文化中，任何工艺品要想生存就必须让那些能辨认出其制作过程的人看到它的价值。"[8] 因此，要想建立一个可持续性的产品文化，我们必须让人们更充分地看到产品的起源。当人们在产品的设计和生产上投入更多的精力时，他们将更在意这些产品，并会留着长期使用，而不会随便将其丢弃再去买一个新的。换言之，设计必须帮助世界找到一种新方案来取代工业化大生产。

Web 2.0 技术和众筹模式使公司同消费者的合作和交流方式发生了改变，这也使得设计师和用户之间有了更多的互动。为处理好这种关系，设计师必须做好准备与用户进行亲密的合作，还要准备好处理复杂的生产程序，让产品生产沿着可持续产品文化的方向发展。这就意味着要同最持久的供应商和生产商建立良好的合作关系，了解它们的能力，并妥善处理整个流程。最后，设计一定要能够协调极其持久的"虚拟设计工厂"，这些工厂将客户和供应商也视为平等的利益相关者。设计师必须掌握此类与工厂相关的设计方法，而创意教育也必须引入这一经济重点。

"隐性历史"的另一个主要方面是供应链，"一个全球性的价值创造链，供应商、经销商和顾客之间的一种横向合作关系，在这种关系下产品的有用价值以及货币价值将不断上涨"。[9] 目前，很多公司主要将供应链管理视为提高效率的手段。公司主要关注的是供应链的优化，因此供应链的效率（尤其是物流运输的优化）也变得日益重要。然而，这些公司往往无视产品的起源，倒是消费者对此日益关注起来。同时，我们正沿着"产品包裹"的方向发展，这对供应链有着深远的影响。这意味着符号生产（从创造文化意义和文化价值方面而言）的经济价值正在明显上升。[10] 简而言之，产品起源的真实性、可信性和透明度成为消费者越来越重视的因素。因此，有关产品起源的过程成为日益重要的竞争优势，这一领域有着巨大的设计潜能。此处再次引用托马斯·弗里德曼的话，"生产很简单，但要建立一个价值创造链真的很难"。[11] 因此，由于种种原因，要符合未来的发展，设计就必须对产品起源和供应链施加比以往任何时候都更大的影响。

可持续文化设计（SCD）

设计必须帮助塑造甚至启发我们对未来文化的憧憬。然而，大规模生产文化已走过了几十年的路程，这使设计很难承担起这一艰巨的任务。这就是为什么设计学科必须进行变革的原因之一，众多迹象表明，设计必须发展成一个全球性的推动文化变革的力量，这样它才能为开创一个可持续发展的后工业时代以及一个可持续发展的文化做出一份贡献。如果设计能转变成推动文化革新的驱动力，设计师将会拥有一个全新的职业形象。我们可以将这一新理念称为"可持续文化设计"（SCD）。

设计有机会也有责任改变文化这一基本设想，将设计师的角色清晰地与其在传统的工业设计模式中所充当的角色区别开来。SCD 关注的焦点是革新，其目标是促进文化转型，建立可持续的生存环境。这一过程需要在各个领域进行创新，如产品创新、生产过程的创新以及组织结构的创新。这种做法将全球对文化和设计的理解与本地的环境和文化结合在了一起。SCD 积极协调各个利益群体的关系，视自身为促进技术、经济和生态的发展以及社会可持续发展的人性化推动力。因此，SCD 积极促进了工业和经济的发展。要想让设计师有能力充分参与到 SCD 的任务当中，就需要建立一个包含大量设计课程和设计结构的合理、全面的创意教育模式，并从小学开始一直持续到大学。只有通过这种全面的方式，教育工作者才能让学生对全球性的、不同文化背景的设计有所了解。

设计创意科学：新时代所需的创造力

21世纪初，在解决全球性问题方面，我们面临的主要是文化上和智慧上的挑战。若要改变引起工业产品文化危机的根本问题，我们必须跳出工业现代化的观念模式，改变当前文化普遍缺乏创造力的现象。技术和消费者文化是以大量消耗原材料为基础的，我们要将这种文化转换成可持续发展的文化，但这需要我们发挥人类的一切智慧。因此，我们要把工作的重心转移到对年轻人的培养上，他们担负着开创可持续性文化的使命。

文化转型早已开始。18世纪中叶，社会开始意识到德国的工业化带来了一种新的需求——对具备全新能力的专家的需求。因此，技术学院开始在欧洲出现。今天，我们发现我们正面临类似的情况。当今社会，开创一个可持续发展的时代的需求日益明显，教育领导和商业领袖也开始意识到我们必须快速有效地培养人们的能力，以解决众多迫在眉睫的全球性问题。

我们还发现，教育最欠缺的不是技术能力和科学能力的培养，而是对学生的文化理解力、创新能力以及问题解决能力的培养。在通常情况下，我们解决问题的方式是零碎而局部的，往往侧重于提高材料利用率，减少能源消耗，生产更实用的汽车或更节能的飞机等。但是可持续发展所依赖的不是局部性的解决方案，它要求我们建立一套从整体上发挥作用的完备的系统。当前的人们眼光狭隘，没有远见，这不仅妨碍了对"可持续发展"的理解，也限制了寻求问题解决办法的能力。

设计教育的巨大优势长期以来都在培养整体思维以及鼓励创造力和艺术能力方面发挥着一定的作用。今天的设计教育培养的是三大关键能力，这三大能力对促进可持续性文化的建立有着至关重要的作用。[12]

- 掌握解决复杂问题的策略。这对解决向可持续性文化发展的过程中所遇到的难题起着重要的作用。

- 对产品文化的符号进行编码和解码。若要加强人们对产品及其全球性影响的认识，并认识到开创全新的可持续发展时代的重要性，这一点是必须做的。

- 开发视觉思维能力和视觉行为能力。该能力在让人们清晰、透彻地理解可持续发展这一抽象概念上发挥着不可缺少的重要作用。

↖ NIKE-BAUER 仿生冰鞋。摄影：DIETMAR HENNEKA。

到目前为止，我们还未创立出能促使设计师发起这种可持续发展革命的教育模式和教育方法。为使设计教育沿着这种全新的方向发展，我建议开创创意科学，其目标很明确，就是培养能推动未来沿着可持续的方向发展的专业设计师。

确立创意科学在教育中的作用

米哈伊·奇克森特米哈伊（Mihaly Csikszentmihalyi）形容创造力是"创造出有价值的东西，并使之成为文化的组成部分"的能力。[13] 在这种情况下，文化变革具有至关重要的作用。只有当专家将创造力引入某种文化领域或亚文化领域后，创造力才能改变这种文化或亚文化。[14] 当为了让设计师凭借创造力将当前非持续性的产品文化转变成可持续的产品文化时，他们就必须充分了解这种文化的领域，并能同这些领域的专家就创造力展开讨论。

促进文化沿着可持续方向发展，需要设计参与到生态、经济和社会事务这三个领域，目前这三个领域在设计教育中完全没有得到体现。为了让设计推动文化变革，我们需要设计师具备丰富的想象力和必要的创造力，以进行产品设计、流程设计和商业模式设计；此外，我们还需要根据可持续发展的指导性原则创立一套完备的体制。因此，要在创意科学中普及教育方案，首先必须了解这三个领域的特征以及三者之间的关系，以合理发挥创造力。这就意味着不能再将手工艺术设计视为一切创意设计的中心。关于创意科学模式的组建和实施，我的建议如下。

创意科学教育将采取不同形式的教育模式，把对生态关系、经济关系以及社会关系的认识作为任何创造性活动必不可少的一部分，无论这些活动的目标是什么。创意教育不能只专注于绘图板，必须强调对基础文化关系的深刻理解，而人是这种关系的中心。通过加深对整个系统的理解，我们可以在那些需要通过设计进行变革的子系统中推行这一模式。创意科学的教育模式也必须使设计师获得合理的收入，完全改变设计师的职业形象（在前面我将其称为可持续文化设计或SCD）及工作领域。比如，六学期制本科教育的重点应放在加深学生对生态关系、经济关系以及社会关系的理解上，并将之作为任何创意活动的基础。

这一教育模式是在跨学科项目的基础上建立起来的，每个项目的持续时间都是一个学期，在有教师辅导的小组内进行。基于可持续性文化设计这一主旨，项目主题也应该涵盖广泛的领域。这样这些项目就可以同时涉及来自研究机构或公司的具体产品项目以及种种非产品类问题，如城市、基础设施或特定的使用人群——所有这一切所关注的中心都是可持续发展及其同社会的紧密关系。这些项目都是必修课，涵盖了可持续发展的三个方面，具有很强的综合性。理想地，各门课程的内容应同其相对的项目保持一致。下面是几个例子。

- 经济科学：政治及商业经济理论、商业道德、供应链管理以及商业法等。
- 生态科学：气候学、海洋学、气象学、地理学以及生态学等。
- 社会科学：人类学、传播学、美术、社会学以及政治学等。

跨学科项目的目标并不是为每个可持续发展必修课培养专家，而是在解决问题的过程中将交叉关系和依赖关系专题化，加深学生的理解，让学生对以可持续发展为目标的复杂的设计任务有一个基本的了解。此外，每门可持续发展必修课程都将得到该领域专家的支持。除了这些学期课程外，还有三个贯穿整个六个学期的设计必修课程，这三大必修课会不断培养学生的基本设计能力。这些课程包括如下项目。

- 设计变化：讲授基本的设计方法和创新发展，提升学生解决问题的能力。
- 设计造型：其重点是基本的模拟和数字展示技术，如绘图和模具制作以及使用软件来进行展示的方法。
- 设计理论：涵盖设计中的思考能力，如审美、设计史、新的研究以及预测、模拟和影响。

这些设计必修课将教给学生必备的一般设计知识，按照要求还要传授给学生必要的美术技能。在随后的硕士学习阶段，这些课程也是进一步强化设计能力的基础。另一些必修课是培养跨文化能力的，这些课程必须成为课程大纲里的固定课程。该课程涵盖道德/宗教、表演、图形艺术、文化以及历史，这些课程将培养学生如何适应日益增多的跨文化的工作环境。

这种和可持续发展必修课相结合的创意科学模式旨在加深人们对文化——尤其是外来文化——的理解。此外，学生可以根据自身的爱好选择选修课。根据该项目的主题，未来可能会增加额外的课程，当然这些课程甚至可以是技术课或科学课。最后一学期的项目是由学生根据自己的意愿选择题目进行设计和制作，这些项目全都需要在具备外国文化的环境下考核通过，并且表达学生最终的设计观点。在这一学期，必修课将仅通过在线学习平台授课。

根据可持续文化设计的长期目标，在历时四个学期的创意科学硕士课程中需要设立以下三个专业。

- 创意教师属于教育学专业。其目标主要是培养合格的教师，使其有能力在学校以及成人继续教育中从事创意科学教学。该专业的毕业生在教育机构的职责是将创造力、可持续发展以及全面思维相结合。

- 创意企业家这一专业的重点是培养具有艺术和创意能力的企业家，他们有能力以可持续发展的理念来进行文化变革。

- 创意设计师是一个更复杂的专业，培养出的毕业生能够适应日益复杂的设计环境，并可以借助设计来推动未来的可持续发展。

在本科学习的基础上，硕士课程可以让学生进一步加深对这些专业的理解，硕士课程的重点是本科层次学习的三大必修课——设计变化、设计造型以及设计理论。同时，硕士课程为培养工艺手工技能提供了更广阔的空间。技术科学是相应的必修课，将涵盖可再生资源、机械工程、电气工程以及机电一体化的应用。

跨学科项目（最好是学生发起的跨学科项目）同样是历时四个学期的硕士课程的中心。由于设计学院设立的创意科学这一课程需要与其他相关领域进行密切合作，这些项目所制定的任务将会在由不同专业的学生所组成的小组中进行。同样，除了跨学科项目，课程大纲还包括一些必修课。下面是几个例子。

- 创意项目：有外部设计师、政治家、表演家和平面设计师以及科学家参与的短期项目。

- 创意项目管理：做好在公司内部和外部对设计项目进行跨学科管理的准备。

- 创意研究：共同进行的研究项目，没有像学期项目中那样的应用焦点。

创意设计科学家专业的硕士论文要体现出这样的能力：推动文化转型、营造一个可持续生存环境的能力，以及借助设计来促进未来可持续发展的能力。最重要的评判标准是文化转型的潜力、范围以及可持续性。完成学业后，他们不但具有其他毕业生都具备的那些能力，并且已经建立了一个很好的人际网络，对他们今后的发展有重要意义，而且还具有许多其他方面的能力，这使得他们有能力去推动产品文化转型。

最理想的情况是，创意科学模式的课程将培养出很多真正具有创造力的设计师。此外，该课程将促进这些人才在创新方面的有意义的合作。院校之间的往来以及缺乏可见性已成为困扰传统设计教育的一大问题。这是为什么开设了创意科学的教育机构必须进行人与人之间直接的交流和通过网络进行交流的一个原因。以互联网为基础的众筹平台已经展示出这个网络结构的重要作用——成为一个发展可持续居住环境、产品服务以及产品概念的开放市场。除了将学校、设计学院及其他设计机构联系在一起，这也提供了对设计方案进行公开讨论的平台。通过上面概述的网络结构，创意科学将获得其所需的可见性，以建立一个探讨未来的生活环境和产品环境的公共对话，并将解决方案引入社会。

针对在校学生的创意科学

创意科学必须植根于学校教育的整体教学目标。实现这一目标需要多种能力。因此从小学到大学各个阶段的教育必须以将这些能力相结合为目标，而不是维持传统的教育模式，因为传统教育模式的重点只是培养学生在某一专业和某单一方面的能力。毕竟，我们必须培养学生面对这样一个现实：专业化知识的重要性日益被处理复杂事务、进行合作以及建立工作关系的能力所取代。因此，创意教育模式的出发点是培养人类的感知

罗技儿童鼠标，1993 年。摄影：DIETMAR HENNEKA。

能力，并将人作为分析活动的中心。创意教育促使人们从新的角度来审视学生及其具有的创造力和想象力。其他教育模式（如玛丽亚·蒙台梭利的教育学）中也出现了相同的情况。因此创意科学的教育目标不仅是将人们从学科的束缚中解放出来——格罗皮乌斯（Gropius）和莫霍利-纳吉（Moholy-Nagy）已经在包豪斯大学为实现这一目标做出努力。相反，创意科学的目标是培养创意人才，培养他们的全局意识和责任感。

创意科学教育模式贯穿九年制的中学阶段，并分为低、中、高三个阶段，学生的年龄大约在 10~18 岁之间。低阶段关注的重点是人的感官——视觉、听觉、嗅觉、味觉、触觉以及被称为"第六感"的感知。在学年内，学校会对各种感知进行同等强度的测试。根据学生的兴趣，学校将课程分为必修课和选修课。此处以听觉为例，该研究包括音乐制作、声学的物理现象、语言的意义、动物发出的声音的大小、大海的声音、人的耳朵、小提琴的制作历史、失聪以及儿童合唱团。或者我们还可以看一看味觉。在低年级阶段，该研究关注的可能是舌头的结构、增味剂的化学结构、印度菜肴的秘密以及进食的感觉。这一教学方式的优势是这不仅可以锐化学生的感官，更重要的是还可以加深他们对背景知识的了解。每门课程都需要以小组合作的形式来进行，受过全面教育的教师也会对此予以支持。

各门课程均有特定的主题，并由这一学科领域的专家进行授课，这将促进独立研究的发展。同时，以培养感知能力为中心的低级创意科学课程的目标是开发学生的创造力和艺术能力，其方式可以将合唱团、戏剧和园艺设为必修课。此外，当前标准中学教育中的常规科目依然是课程的组成部分。

在中学阶段，重点将转移到培养学生的概念能力。在设计过程中的概念阶段，教育范围将包括提高学生的认知能力、培养他们多方面的能力并指导他们如何将各个独立的元素联系起来以得出准确完整的解决方案。因此，概念化意味着理解各个部分，并通过将各个部分进行组合、改变其相互关系来寻求可能的解决方案。因此，在中学阶段，创意科学学习的指导思想是整合原则，学校还会用一个学期的时间来讲授相关的主课题程。

在中学阶段，这种教育模式依然保留了小组合作的特性。在每个学期，学生可以根据自己的爱好和能力来选择主导课程。这种项目式主导课程的主题是发现和塑造。发现涵盖技术科目、科学科目以及工程学，而艺术、音乐、设计、工艺、园艺以及戏剧等学科合并为"塑造"（Modeling）。不同文化的技能、语言和杂技（这些强调的是各学科领域和各学科之间的相互关系、合作和协调）是主题课以外的必修科目。传统的体育指导会以杂技学校的教学形式保留下来。

在高中阶段，创新教育的重点将转移到跨学期的主题项目以及对上层建筑的落实上。在这个阶段，学生已经学会调动所有感官来观察事物并学会了以高度概念化、关联思维模式来指导自己的思想和行动。他们还将对所有教育学科的基础知识有一个很好的了解。在高中，他们要将这些知识和能力运用到具体的设计中。因此，高中阶段的课程将在塑造这一主题上投入更多的时间。

在创意科学模式下，高中的学生将以指导者的身份来帮助低年级的学生——因为层次不同的团队能促进创造力的发展。创意科学这一学术项目的出发点是建立一套完整的设计体系，期末考试将不再被用来衡量学生是否成功通过各单一科目，目前大部分高中的期末考试采取的都是这一形式。相反，创意科学这门学科的期末考试将测试学生综合运用不同学科的知识以设计出具有创意的艺术作品的能力。因此，期末测试将是一个团体活动。比如，其形式可以是大家共同准备一场表演，表演涉及的所有内容都在测试范围内：舞台和服装设计（塑造）、写剧本和时事通信（语言）、内容和安排（跨文化技能）以及其他一些相关任务和工作。这种综合项目的目的是促使学生运用已学到的知识。

扩展设计的教育范围和文化范围

正如你看到的，创意科学所涉及的不仅是鼓励设计师彼此进行合作，还要建立一个联系人与各个机构的网络，让公众接受可持续发展的设计理念，进而逐步推动可持续发展文化革新。此外，作为研究和传授知识的中心，大学将进行重组，大学必须成为"自由探索和自由讨论新想法和旧思想的地方"。[15]

但是当前的教育体制所要进行的彻底变革不仅仅在于对职业设计师的培养。正如本章所言，同之前相比，所有的教育方案一般都必须更好地给学生讲授生产和消费之间的全球关系。我们的教育体制必须对我们周围的产品环境保持更高的敏感度，必须果断地提升人们的创造力和全局意识。毕竟，在所有机构中也许学校对文化规范的制定和颁布最具影响力。20世纪70年代初，伊凡·伊里奇（Ivan Illich）认识到学校正引导年轻人走向一个所有事物均"可衡量"的世界，其中包括他们的想象力甚至人类本身。[16]

在关键的发展阶段，今天的学校未能让年轻的学生充分认识到未来将面临的主要问题，未能教给他们适当的能力，也未能将可持续发展作为一个抽象的知识概念和积极的文化规范。未来我们将依靠创意人才来设计一个可持续发展的产品文化。为给创意人才奠定一个基础，当务之急就是将大众设计培训和创意培训列入学校教学课程的必修科目之列。让年轻人认识到可持续发展欠佳的产品文化的各个方面，并将三大关键技能引入设计，这些至关重要。

创意科学这一教育方法可以提升创造力，促进全面思维和全局意识的发展，并能提高人们对设计合作的热情。当今的教育体制往往忽视了与产品相关的知识，但创意科学可以弥补这一不足。要解决目前面临的诸多全球性问题，我们需要采取该教育方式来培养年轻人，促使其找到创造性地解决问题的方法。之后，我们的社会将"成功创建一种教育方案，该方案能释放孩子们的天赋并能对创意的数量产生直接影响"。[17]

解决全球性问题需要创造力、合作以及建立良好的工作关系。培养这些能力为在创意产业取得成功做了最好的准备。创意产业要比传统产业更能维持生态平衡，创意产业将成为世界经济中日益重要的一部分。无论是在学校教育还是设计教育中，创意科学都是一个解决此类教育问题的良方。如果学生在早期教育阶段就学会以合作的方式创造性地解决问题，那么在以后的生活中他们也会继续用此种方式来解决问题，因此在合力设计一个可持续发展的未来的道路上他们能更有效地发挥自己的能力。

由于当前存在的问题十分复杂，而且缺乏合作能力，这一能力可以让人们以更具创造性的方式解决问题，因此现在最重要的就是转变教育模式，以新的方式来培养年轻人和未来设计师。教育模式的转变必然会带来文化变革。在创意科学模式中我介绍过可靠的综合性方法，当前我们迫切需要通过该方法来培养设计师。当前工业产品文化危机仍在继续，其表现是极地冰冠的融化以及有毒电子废料的无序处理，由此看来，以上述方法来培养设计师的必要性就十分显而易见了。我们要设计一个健康积极的社会环境并建立一个可持续发展的、人性化的未来,在情况恶化之前,我们急需这样新型的设计师加入。新一代设计师将是塑造未来经济、生态和文化的重要力量,因此我们不能放任他们的教育不管。著名的乌尔姆设计学院的联合创始人奥托·艾舍(Otl Aicher)总结说:"我们生活的世界是由我们亲手塑造的。"[18]

1 B. Schneider 2006 年在 *du – Festschrift fuer Kultarr* 上发表的文章:*Design as a democratic orientation aid*(编号 766,第 58 页)。
2 N. Peach, 2010 年 9 月在 *Le Monde diplomatique* 上发表的:*The Legend of Sustainable Growth: A Plea for Renunciation*。
3 T. Jackson, 2011 年出版的 *Well-being without growth: Life and Eonomics in an Endless World*,慕尼黑:Oekom 出版社。
4 M. Kretschmer, 2011 年学位论文:*Positive Climate Change by Design: How Design Helps to Shape the Global Future – Approaches for a Future-Compliant Professional Image of Design and a New Design Education*,175–207 页。
5 L. Burckhardt, 1995 年:*Design is invisible*. In: Höger, H. (Ed.): Design is invisible,第 24 页。奥斯菲尔敦:Cantz 出版社。
6 D. Dieter Rams, 1994 年:*Less but Better*. 汉堡:Jo Klatt Design+Design 出版社。
7 Thomas L.Friedman 2008 年出版的平装书:*The World is Flat: A Short History of the Twenty-First Centry*。法兰克福/主店:Suhrkamp。
8 Krippendorf 2001(见注释 12),第 413 页。
9 Friedman 2008(见注释 13),第 190 页。
10 P. Klein 2001 年的书 *Difference and Coherence: Design and Perception of Electroic Media*,海德堡:Synchron Wissenschaftsverlag der Autoren 出版社,第 23 页。
11 Friedman 2008(见注释 14),第 191 页。
12 P. Senge 2010 年 12 月在 *Harvard Business Manager* 上发表的 *People Need Visions*,汉堡:manager magazine Verlagsgesellschaft 出版社,第 50 页。
13 Mihaly Csikszentmihalyi 2007 年的书:*Creativity: How You Create the Impossible and Overcome Its Limits*,斯图加特:KlettCotta 出版社,第 43 页。
14 同上,第 46 页。
15 Ivan Illich 2003 年的书 *De-Schooling of Society: A Polemic*,慕尼黑:C.H.Beck 出版社,第 60 页。
16 Illic 2003(见注释 15),第 66 页。
17 Csikszentmihalyi 2007(见注释 13),第 470 页。
18 Otl Aicher 1991 年的书 *The World as a Design*,柏林:Ernst & Sohn 出版社,第 87 页。

第 3 章 从绿色和社会的角度考虑问题：维克多·巴巴纳克

前瞻设计推动可持续发展

3 从绿色和社会的角度考虑问题：
维克多·巴巴纳克

马蒂娜·菲内德尔和托马斯·盖斯勒

本章的作者是我的前助教马蒂娜·菲内德尔及其同事托马斯·盖斯勒。他们二人发现了维克多·巴巴纳克的档案并将其带回他的出生地——维也纳。那些无畏的学者出版了巴巴纳克所著的具有重大影响的《为真实世界而设计》一书，他们在这里给我们讲述了他们研究巴巴纳克论文的发现，并呼吁设计师要向前看。我希望这一章能鼓励我们所有人去一读再读巴巴纳克的作品，去重新审视他的那些曾经十分激进的建议。我认为这些建议比以往任何时候都有价值。

这句话很像是引自当前某本介绍新的设计战略的书，如《设计思维》、《包容性设计》、《设计互动》或《开放式设计》，但其实不是。它来自维克多·巴巴纳克所著的 *Design for the Real World: Human Ecology and Social Change*（《为真实世界而设计：人类生态学和社会变革》），该书首版于1971年，并于1984年出版了修订版。今天该书被视为其所处时代最发人深省的设计书籍之一。当时环保运动不断高涨，这标志着普遍盛行的工业文化原则的解体，在这种情况下巴巴纳克创建了一个全面性设计模式。除了对当时的设计文化和消费者文化进行猛烈的抨击，巴巴纳克还列出了社会友好型及生态友好型设计的准则，并列举了几个例子。他的这本书虽从一出版就引起了争议，但仍成为世界上最被广泛阅读的设计书籍之一。现在这本书正在复兴，它的再度风靡甚至会改变其作者——维克多·巴巴纳克——的形象，从反叛的雄辩家变成社会和生态设计的国际先驱。书和作者都获得了一种备受推崇的地位。[1] 为什么会这样呢？是什么让巴巴纳克的思想对当代设计现状产生了如此重要的意义呢？为什么他和他的书不仅仅只是一个历史参考呢？

我的 LED 灯泡，2007年 IDEA 获金奖。

有些问题的答案十分明显。在媒体的推动下，目前经济学界和政界对可持续发展这个问题展开了广泛的讨论，这促使责任设计这一理念开始复苏，这一理念很容易让人想到巴巴纳克以及那个时代的评论家所持的观点。比如，当前的人们致力于推动可持续发展，以避免人类在发展的过程中，出现浪费地球上有限资源等问题。[2] 现在的世界正努力减少环境污染以及对自然资源的使用，努力探索可替代能源以及分散式的生产方式，呼吁人们增强自我决策和团队决策的能力，这都是当前社会在寻求可持续发展的过程中所采取的一些措施。在过去，社会上曾一度认为巴巴纳克的论文过于激进；但现在随着我们不断探索与社会生活方式相关的设计领域，想为当前盛行的不协调设计文化找到出路，他的论文就受到越来越多的关注了。

"在这个我们似乎全面掌握了形式的时代，我们早就应该重新审视内容。"
——维克多·巴巴纳克，1971

大量设计机构的任务书或展品目录的前言都可以有力地证明当今社会正探寻促进发展的途径。[3] 新千年的前几十年将继续受到危机的影响，因此这一探寻就显得极为迫切。2001年9月11日发生的骇人听闻的事件既是今天的设计所谈论的话题，也是看似将维持很长一段时间的经济危机以及撼动世界的政治及社会动乱的表现。在1984年的修订版中，巴巴纳克将危机和设计机遇进行了比较：

"也许从灾难中我们能得到最好的教训。底特律目前的失业率非常高。随着全球出现了三次石油危机、四个异常寒冷的冬季、两次导致水资源短缺的大干旱、诸多洪灾、全球性资源短缺现象以及我们背后的大衰退现象，在过去的十三年甚至连美国都渐渐接受了这本书。"[4]

鉴于此，我们对《为真实世界而设计》进行了总结，以指出当前的问题。然而，事先必须说明的是：在这里我们是以设计研究者的身份提出这些问题的，此外，由于设计的历史和物质文化同环境有着一定的联系，因此我们对其有着特别的兴趣。同时我们也十分关注价值观的变化以及文化革新，因为这对设计和消费者文化的发展有着重大的影响。在本书的其他地方你可以看到维也纳应用艺术大学ID2大师班上创造的作品。在这个班上，我们将教学和研究结合在一起。在这样的工作环境下，我们的兴趣转移到巴巴纳克的设计作品对下一代人以及设计实践的重要影响上。

在当前就设计进行的专家辩论中，巴巴纳克是我们的调查的主要驱动力——今天的评论家必须结合他的生平来审视他的设计作品。巴巴纳克传记在出版之时引起了不小骚动，而今天却乏人问津。这里我们概述了巴巴纳克人生中的重要阶段，作为一种传记性的背景。我们对这本书和它的作者了解得越全面，就越能清晰地看到他所提倡的沿着"人类生态与社会变革"的方向前行的全面发展模式。我们进一步将调查扩展到《为真实世界而设计》出版前，简要回顾了当时的社会和政治变革影响。此外，因为巴巴纳克的书所关注的焦点是"工业设计"，所以我们还对他的技术理念进行了研究。他是进步的朋友还是敌人？巴巴纳克对设计的根本性批判是以20世纪60年代和70年代的反文化思潮为基础的，但巴巴纳克的批判是如何具备前瞻性的呢？最理想的做法是，我们将巴巴纳克的观点置于来自那个时代的其他"被再度发现"的开创性作品——如E.F. 舒马赫（E.F. Schumacher）的 Small is Beautiful: Economics as if People Matter（《小即是美》）以及斯图尔特·布兰德（Stewart Brand）创立的 Whole Earth Catalog（《全球目录》）杂志——当中，并以此来解决问题。我们对这些问题的调查和检视构成了接下来的这一章。

在研究巴巴纳克著作的过程中，我们跟随着这位已故作家在美国留下的足迹，发现了一些此前没有得到重视的遗物，包括个人文件、手工艺品以及档案。短短一年之后，在我们的大力倡导和哈特穆特·艾斯林格以及其他人的热情支持下，我们从奥地利联邦科研部得到了一笔拨款，为我们的学校买下了巴巴纳克的遗产以留备今后的研究之用。在我们看来，设计学校——尤其是位于巴巴纳克所出生的城市的学校——好像是研究和学习他的档案资料的理想之地。除了个人文件和手工艺品之外，其遗产还有工作书籍收藏及其档案。这些遗产现由维克多·巴巴纳克基金会进行管理；该基金会于2010年成立，位于维也纳应用艺术大学。在那里，巴巴纳克留下的各种遗物和知识作品将成为一个活跃的研究项目的一部分。

> 过去几代人在统计学思维的流沙中艰难建立起来的分界，此刻正在一点点消失，我们发现我们不再需要清晰的领域分野，而是需要一个整体。我们需要的不是专家而是"综合家"（synthesist）。
>
> ——维克多·巴巴纳克，1984

同他对社会所做的贡献一样，巴巴纳克的兴趣也很广泛且十分有意义。《为真实世界而设计》的首版仅参考文献就有约500个。在第二版中又增加了约200个，巴巴纳克

写道:"由于我写的书将设计作为一种跨学科的行为,所以参考文献也包括多个学科。"在扩充版的附录中,他补充到:

"在文艺复兴时期(即辉煌的日落,但人们却将之误认为是黎明),人类仍然认为所有的知识都可以进行分类。从那个时期所盛行的线性思维模式中我们学会了绘制图表、进行分类以及列目录。一般情况下,当我们想将大量的信息进行分类以方便理解时,我们往往会犯一个非常严重的错误:即我们培养的是专家。"[5]

我们认为维克多·巴巴纳克的生平和努力可以激发我们每个人而不仅仅是专家。无论是在他的著作还是在其教学和设计的作品中,巴巴纳克都能给人以启发。我们希望这本书能帮助读者——无论其兴趣是什么或学的是什么科目——得到这样的启发。

一本写给所有人的书,讲的是为所有人做设计

巴巴纳克的这本畅销书最早是 1971 年在纽约万神殿出版社(Pantheon)出版的英文版。[6] 该书主要探讨的是设计中的道德责任。巴巴纳克在书中介绍了一种新型设计师,这种设计师是一个注重过程的跨学科设计团队的"多面手"和"斡旋者"。[7] 通过为当时所谓的"第三世界"提供示范性产品和服务,该书对西方工业国家的消费者文化提出质疑,并指出设计师应在未来发挥更重要的作用,以促进社会在不断发展的过程中与自然和谐共处。

当时的新环保运动和其他运动在社会、文化和政治生活中的重要性不断提升;随着这些运动的不断高涨,巴巴纳克将全球资源的重新分配视为研究的核心。为说明这些运动同当代设计相脱离的现象,巴巴纳克列举了一些小事例,如在世界的这边生产、以 16.95 美元的价格销售的安妮女王式电热脚凳,和在世界的另一边以 8 美分的价格销售、用废弃车牌制作的火炉(这种火炉是那里的家庭唯一的烹饪用具)。[8] 巴巴纳克以这种方式向人们对设计的普遍态度以及相应的工业制造文化和营销文化发起挑战。1973 年在矮脚鸡出版社(Bantam)出版的该书的封面上,他写下了一句惊世之语:"为什么你买的东西又昂贵、设计又差、又不安全,而且经常不好用"。

《为真实世界而设计》从一开始就不断进行批判。首先是前言部分对职业设计同行的抨击,然后是对其他相关领域(如广告)。再后来该书的第一部分"就像这样"对消费者进行文化无情而又诙谐的抨击。该书的第二部分"应该是什么样"具体讲述了社会友好型和生态友好型设计理念。在"设计责任:五大误区及六大方向"一章中,巴巴

纳克对设计师的新责任以及设计专业进行了总结。这一章还介绍了发展中国家的设计师所从事的活动。早在 20 世纪 60 年代为联合国教科文组织工作并负责国际技术专家项目以及其他活动时，巴巴纳克就已经对发展中国家的设计师有了一些了解。他将结构简单且易于维修的家电作为讨论的中心，此外，还探讨了边远地区不需要燃料和电的通信设备和交通设备。[9] 巴巴纳克还指出了美国在设计和消费方面所存在的问题（如汽车行业内部引起的危机），这些问题不断给政治、经济、科学以及设计领域的领导人物带来更多的挑战。底特律曾出现巴巴纳克描述的最坏的情形。任何大规模产业的单一、死板的文化结构不仅在经济方面而且在社会和生态方面都存在问题，因为这种结构不能快速应对问题和变化。巴巴纳克指出这些企业侧重的只是可生产的产品而不是整个体系。

《为真实世界而设计》一书还详细探讨了对版权保护和专利权的严格控制。最后，巴巴纳克将话题转移到各行业的社会责任上，比如他表示任何人都不应该从他人的需求中谋取利益。在此基础上，巴巴纳克主张将信息和生产民主化，这促使他的参与式并"开放资源"的设计实践模式（随后我们会对此进行更详细的说明）不断发展。

"设计牛虻"的生平

在《为真实世界而设计》一书中，我们看到巴巴纳克对人类和环境的态度十分激进，在那本书中我们还发现了他生活中的很多趣闻，这些趣闻体现了其生活和工作之间的有力关联。这个理想主义批评家具有前瞻性思维，他的思想超越了他所处的时代。在其整个生命中可以清晰地看到他不断要求消除各个学科间的差异。为探索巴巴纳克的个人生平，我们还查阅了 2009 年出版的德文再版。[10]

巴巴纳克于 1923 年 11 月 22 日出生于维也纳，是海伦妮·巴巴纳克和理查德·巴巴纳克的独生子。巴巴纳克一家在市中心做食品生意，他们在环市大道边有一所高档公寓，这条充满 19 世纪风情且不拘一格的林荫大道环绕着维也纳——一座中世纪时期的城市——的中心。作为商人的儿子，巴巴纳克所受的教育和他的家庭地位是相符的。但是在 1929 年，全球经济陷入崩溃状态，这改变了巴巴纳克的生活方式。20 世纪 30 年代他的父亲不幸早亡，此后他家的经济状况越来越不稳定；与此同时，奥地利法西斯主义导致政治和社会发生彻底的变革并最终被纳粹德国的"第三帝国"所"吞并"。巴巴纳克人生的最后一个转折点是纳粹对家族企业的没收。在亲戚的帮助下，巴巴纳克和犹太裔母亲于 1939 年逃到美国，以免遭受纳粹政权的进一步报复或再度被驱逐到集中营去。

15岁的巴巴纳克和母亲到达纽约时身无分文，在流亡中重建昔日的家族生活自然是很难的，但他们也发现只是做一些非技术工作就已经足够维持生活。在《为真实世界而设计》一书中，巴巴纳克透露了自己在那段时间所从事的一些工作，如在血汗工厂工作、在纽约现代艺术博物馆做库房工人以及在格林尼治村做独角喜剧演员。在美国生活的前期，他最显眼的经历就是在美国军队服兵役。对维克多·巴巴纳克和很多年轻移民来说，服兵役是获得公民资格的大好时机。退役后，巴巴纳克接受一名战友的邀请参观了美国西南部的圣伊尔德芬索印第安人保留地。他的最后一任妻子哈伦妮写道，对他而言远离现代生活就是"情感疗伤"。此外，这也为他未来的生活道路指明了方向。

后来维克多·巴巴纳克又回到纽约，并于1946年到1947年在库柏联盟学院的夜校进行学习。即使是现在，我们依然没有证据来证明为什么他会选择艺术和建筑。也许是因为经济状况或经济地位有广阔的发展前景，或者是因为战后工业不断蓬勃发展，眼前有很多做设计师的机会，如成为像美国的雷蒙德·洛伊（Raymond Loewy）或亨利·德莱弗斯（Henry Dreyfuss）一样的设计偶像。在学习期间，巴巴纳克还成立了一个室内设计和产品设计工作室，工作室的名称十分独特——"设计诊所"（DESIGN CLINIC），其工作室的宗旨是从日常生活中寻求解决问题的方案。在那些年的回忆录中，巴巴纳克讲述了自己初次见到弗兰克·劳埃德·赖特（Frank Lloyd Wright）设计的建筑时的情形，并介绍了在参观了亚利桑那州凤凰城的罗斯·包森屋（Rose Pauson House）后自己对赖特设计的作品越来越感兴趣。在威斯康星州的斯普林格林，巴巴纳克未经允许在赖特的工作室拍了些照片。正在拍的时候他遇到了赖特本人，这让他有机会加入在塔里耶森和西塔里耶森进行的实习生项目。

后来赖特成为年轻人眼中最具影响力的人物之一。其指导老师自身的兴趣、爱好或是偏好（如：六边形，即黑白红三种颜色的组合），以及其对远东地区的物质文化和哲学的兴趣对巴巴纳克有一定的影响，让他具备了敏锐的审美眼光。在跟着赖特学习的过程中，巴巴纳克逐步加深了对现代化以及现代化同自然和环境的关系的了解。巴巴纳克早期的设计作品有记载的极少；从风格上而言，这些作品主要倾向于美国战后现代主义，结合了有机形式、新材料以及本土文化元素，这容易让人联想到其他同时代的设计师，如查尔斯·伊姆斯和雷·伊姆斯夫妇（Charles 和 Ray Eames）、野口勇以及乔治·纳尔逊（George Nelson）。在那些年，巴巴纳克企图寻求一种独立的语言形式，这种语言形式要能够以更具时代性的方式将战后发生的社会变革和技术变革结合在一起。

20世纪50年代中期，巴巴纳克在麻省理工学院学习了创意工程与产品设计，当时理查德·巴克明斯特·富勒（Richard Buckminster Fuller）正在这所学校教书。人们并不

JENAGLAS 回收的 BOROSILICATE 餐具，1993 年。摄影：DIETMAR HENNEKA。

确定当时两人是否见过面，但是富勒也对巴巴纳克逐渐形成自己的综合性、系统性，并且质疑一切的设计方法有着十分重要的影响。那个时代的其他一些重要作品也促使他从新的角度来审视设计师，他将新一代设计师称为"人类的设计师"。其中一个作品是亨利·德莱弗斯的 Designing for People（《为人类而设计》），巴巴纳克在《为真实世界而设计》中对这本书大加赞扬。他对设计肤浅的产品持批判的态度，这些产品只是供消费者娱乐，只是暂时满足消费者的需求。当时的媒体对美式生活方式大为颂扬，但这些颂扬都十分肤浅，因此巴巴纳克的批判性态度也越来越坚决。美国的文化取向是大规模生产廉价商品，这种文化取向对巴巴纳克批判式的教学方法产生了重要的影响。

当时的巴巴纳克刚刚成为一位父亲，也许家庭经济责任可以解释他为什么接受了加拿大多伦多安大略艺术学院提供的一个经济上有保障的职位。在那里，作为教学新手，他设立了工业设计这门新的学位课程。后来他又分别在罗德岛设计学院和纽约州立大学水牛城分校任职。在此期间，巴巴纳克还为 WNED-TV 电视台创作和主持了题为"设计维度"的电视节目。他挑衅地将对设计的讨论同对消费者文化和品味定位问题的讨论相结合，因此这些话题不再仅是精英们谈论的对象，而是成为日常性话题。为使设计成为日常生活的一部分以让更多的人了解设计，这位"设计评论员"（他的自称）此后还多次出现在广播和电视传媒上。

20 世纪 60 年代初，巴巴纳克转到北卡罗来纳州立大学设计学院，在联合国教科文组织的委托下开始进行设计研究。其成果之一是针对发展中国家设计的马口铁罐收音机。从 1964 年年初开始，印第安纳州西拉菲特市的普渡大学成为他的活动中心，在这里他管理的是刚建立起来的艺术和设计系。巴巴纳克在普渡大学的教育对象有未来的工程师和设计师以及其他跨学科专业的学生，《为真实世界而设计》一书中很多的教学实例都来自他的这些教学经历。

在普渡大学任教期间，巴巴纳克和平面设计师阿尔·戈万（Al Gowan）合作制作了一部实验电影《传记》（Biographics），后来在科罗拉多州阿斯彭那个大名鼎鼎的设计研讨会上进行了展映。[11] 此后巴巴纳克及其新式设计教学法在美国以外其他国家也产生了一定的影响。此外，他经常去斯堪的纳维亚，这也对其教学模式的形成起到一定的作用。20 世纪 60 年代，泛斯堪的纳维亚学生设计协会曾邀请巴巴纳克去做演讲或讲座，这也是他自二战后首次重回欧洲。在瑞典期间，他写成了《为真实世界而设计》的部分章节；事实上，该书首次出版时其题目是用瑞典语书写的，书名是 The Environment and the Millions（环境与大众）。

20世纪70年代初,巴巴纳克逐渐获得国际认可,因此得到刚刚在洛杉矶以东的圣克拉丽塔市瓦伦西亚区创建的加州艺术学院的聘书。几乎在同一时间,英文版《为真实世界而设计》在美国出版,该书的出版导致设计界分裂为两大阵营:一边是设计界成名人物的猛烈批评,另一边是主流之外的设计界的狂热。因为对设计职业和设计行业的批判态度,美国工业设计师协会(IDSA)拒绝接收他为会员。尽管如此,巴巴纳克的观点在其他各个地方都得到高度评价。世界各地的设计机构也纷纷邀请他去做演讲。巴巴纳克曾在丹麦皇家美术学院的建筑学院以及英国德文郡舒马赫学院等多个院校担任客座教授,此外,学校还拨给他研究经费,这让他以及其刚建立的家庭得以重返欧洲并长期定居下来。这让这位曾被斥责是"设计牛虻"[12]的评论家在一段时间内躲避了美国刮起的强烈逆风。

20世纪70年代中期,巴巴纳克举家返回美国,被堪萨斯城艺术学院聘为讲席教授。值得注意的是,从那时起巴巴纳克不断去西非、东南亚以及南美进行考察。他收集了很多手工艺品并将自己的观察发现记录下来,此外,他还在考察地拍摄了很多照片。他一生所拍摄的考察照片达20,000多张。巴巴纳克的藏书涉及领域十分广泛,这说明他对多个学科都十分感兴趣,也说明他对文化人类学以及民族学有一定的了解,因此他对设计就有了一种普适性的视角。

20世纪80年代初,巴巴纳克接受堪萨斯建筑及城市设计学院的邀请成为该校的J.L.康斯坦特杰出教授。这段时间他研究了很多课题,包括1983年发表的 *Design for Human Scale*(《为人类做设计》)。巴巴纳克出版的最后一本书是 *The Green Imperative*(《绿色责任》),该书于1995年发行首版,那时他已经退休。除了所做的多项国际研究以及教学经历以外,他的其他大部分设计实践活动都未受到重视,而且其价值也被大大低估。这些活动包括为瑞典的沃尔沃、英国的达林顿实业有限公司以及澳大利亚贝林根的星球产品公司所进行的设计。

因长年的肺部疾患,维克多·巴巴纳克于1998年1月10日在堪萨斯州劳伦斯逝世——巴巴纳克生前一直是一个重度的吸烟者。因其优秀的设计作品,这位兼设计师、批评家以及教师于一身的人物在生前时就已久负盛名,他一生中获得了无数奖项,其中包括联合国(联合国教科文组织)发展中国家优秀设计奖(1983)、阿姆斯特丹的宜家基金会国际奖(1989)以及刘易斯·芒福德环境奖(1995)。1982年到1992年间巴巴纳克数次被提名为诺贝尔替代奖候选人。

↑ ROSENTHAL,纽约街道装饰系列,1991 年。摄影:DIETMAR HENNEKA。

巴巴纳克，反主流文化和进步思想

《为真实世界而设计》一书出版时出现了两大根本对立的观点，这一点最能体现巴巴纳克在书中所表达立场的革命性。一方面，刚刚兴起的环境运动（蒂姆·奥莱尔，Tim O'Riordan，在其著作中将其称为"环保主义"）成为"遍及日常生活并决定日常生活以及影响判断、道德态度、价值体系以及日常事务"的活动。[13] 另一方面，20世纪50年代经济发展奇迹导致以追求最大利润为目标的工业大生产被视为是推动社会繁荣发展的成功经济模式。这种观点认为技术是促进发展的根本力量，推动发展的因素是工业化的成果（如流水线和标准化作业）以及太空研究和通信技术研究领域新取得的开拓性成功。这个时代和工业设计的发展史有着密切的联系。工业设计在功能、审美上都有一套理论，而且世界其他地方也受到西方工业设计的影响。

在这种情况下，有些更全面的观点开始将设计师的形象提升为"人类的工程师"，他们特别重视人机交互的设计工作。人们之所以提高了设计的地位是基于这样一个理念：现代技术和工程原则为人类面临的挑战提供了合理的解决方案，矛盾的是它们也可以解决随之而来的副作用（如环境问题）。20世纪60年代开始出现全球危机的迹象，与此同时这种纯技术专家模式也开始瓦解。[14] 其他运动的不断发展促使人们重新审视设计需求和设计重点。在1976年召开的著名的"为需求设计：设计的社会贡献"（Design for Need: The Social Contribution of Design）大会上，观点截然相反的两方也对设计的需求和重点进行了讨论。[15] 设计史学家宝琳·马奇（Pauline Madge）将对立的双方总结如下：一方——包括巴巴纳克——认为符合道德标准的技术和设计能改变社会和环境，而另一方则希望完全由社会来决定技术进步及技术的传播。[16]

因此，辩论的焦点开始围绕这个核心问题展开：让环境适应人类真的是正确的途径吗？在这一点上，各种运动的观点出现不一致的现象，甚至产生很大的分歧。有些运动对自然所持的观点较为滞后，并将这种滞后性的观点作为推动文化发展的主要力量，因此这些运动坚决反对强大的新技术。然而，斯图尔特·布兰德还是得出了一套新观点，他带来了（技术）产品设备分销的变革，并因此为自己赢得了声誉。布兰德创立《全球目录》杂志的目的是巩固分散式生产文化，在这种文化里用户更易获得信息和工具。因此，《全球目录》既是一个购物商场，也是一本说明书，该书可以和志同道合的人分享各种制造指南，有电脑、太阳能系统，甚至马桶。[17]

巴巴纳克的全球视野及其对技术的接触同《全球目录》十分接近，尽管他对技术发展几乎没有做出什么贡献。巴巴纳克的大部分设计作品要么技术含量非常低要么就是只关注家具和生活环境。巴巴纳克本身并不是专业技术人员。他不同意为开发技术而开发技术，但他提倡利用"智能"技术找到简单可行的问题解决方案，比如他在《为真实世界而设计》一书中所介绍的方案。巴巴纳克还注重产品的可修性，要做到这点需要对技术有了解只有"文凭"是不够的。当然，对于新技术，他更多的是对其理论层面的了解，但他对这些技术的了解还是比较全面的——他完全是一个"综合家"。

巴巴纳克的"低科技"动机也许可以解释为什么他同舒马赫以及适用技术运动的关系如此亲密。舒马赫的《小即是美》一书的编排在很多方面都参考了巴巴纳克的书。在《为真实世界而设计》第二版的序言中，巴巴纳克指出他和舒马赫都认为"大的东西都不好用"。[18] 此外他还把这种观点和亚瑟·库斯勒（Arthur Köstler）联系了起来，后者的理念对巴巴纳克具有非常重要的意义，在序言中他也引用库斯勒说的"环境的改善需要灵活的行动，也需要扭转技术化这个趋势。"[19] 在《为真实世界而设计》一书中，巴巴纳克对技术化大加谴责，认为技术化过于狭隘，较为片面，容易导致纯粹以资本主义为导向的世界观，而这种世界观的目标也是人为促进消费者的消费欲望，一种最终会走进死胡同的东西。

巴巴纳克本人将《为真实世界而设计》和几乎同期出版的阿尔文·托夫勒（Alvin Toffler）的启示大作 Future Shock（《未来的冲击》）联系起来。这两本书的共同点是，两位作者都十分关注社会的永恒变化以及不断深入的技术化对人类产生的影响。巴巴纳克对这些问题的理解还体现在《为真实世界而设计》一书的副标题上，它向我们揭示了人类生态的动态原则。这一原则起源于 20 世纪 20 年代，可能和现代主义的一个重要变革有关，即认为人类和自然不是对立者，而是一个大系统内相互关联的组成部分。对世界的认识的系统化是现代西方思想最重要的一次转型之一。因此，斯图尔特·布兰德的《全球目录》和巴巴纳克的《为真实世界而设计》都不是偶然。这两本书的想法都起源于不忌讳进步思想的反主流文化运动，这在一定程度上解释了为什么四十多年后这两本书依然能引起前瞻性的变化。

人的设计，为人而设计

在 20 世纪 70 年代的欧洲和美国，许多新社会运动（包括环保运动、反核运动以及数以千计的小型市民运动）的势头日益增强，以应对当时的文化、政治和经济危机。作为运动的主力军，各个团体有不同的目标，但有着共同的重点和利益。这些运动越来越关注环境问题，日益要求提高合作决策和自我决策的能力，希望重新协调工作和生活的关系。这也促使人们集中精力思考产品生产和产品消费等问题。

20世纪70年代出生的具有批判意识的年轻一代十分青睐自己动手型（其对立面是专业的）设计，因为这和他们的生活方式相符。维克多·巴巴纳克在这场国际化大发展中发挥了核心作用。他同吉姆·亨尼西（Jim Hennessey）合作出版了 *Nomadic Furniture: How to build and where to buy lightweight furniture that folds, inflates, knocks down, stacks, or is disposable and can be recycled I and II*（《流浪家具：如何生产以及在哪里购买能够折叠、膨胀、放倒、堆放或一次性、可回收的轻质家具》第一部和第二部，1973/1974）。两个版本中都有他们手绘的自己动手制作指南，此外，书中还展示了很多物美价廉的家具和游乐设备。和《全球目录》不同的是，这两本书都没有涉及能量产生设备或其他供应系统或通信设备的制造指南。

所有这些说明书都是通过描述其他设计师的产品并列出价格来表达编辑的选择的，编辑认为这些是值得推荐的东西。在这些年的替代设计中，产品及其部件的价格是消费者非常关注的问题；很多时候，列出产品的价格是直接表达对"优秀设计"的认可，因为好的设计常常表现为精品，价格昂贵。像《全球目录》和《流浪家具》这些出版物从根本上对版权以及独家专卖权等做法提出质疑。关于这一点，巴巴纳克在《为真实世界而设计》中写道："专利不能促进社会的发展。"巴巴纳克认为专利剥夺了世界上大部分人的权利，导致他们无法知晓那些重要的研究成果。巴巴纳克认为专利以及其他阻碍设计共享的法律约束导致或维持了贫富差距。[20]

此外，巴巴纳克还反对自上而下的设计流程，他反对设计版权。巴巴纳克认为专业人员和非专业人员应平等地参与环境改造的过程，他还认为人类的每个行为都应是创造性尝试。巴巴纳克的这一观点是指引其设计工作的主要思路。这一观点认为所有人都是设计师，至少是有能力参与到设计过程中的。巴巴纳克在《为真实世界而设计》一书以及其他地方也对这一观点进行了探讨，分析了专业人员如何处理同非专业人员或其他专家的工作关系。

21世纪我们仍然面临很多社会、政治和生态问题，我们将继续凭借设计这个强有力的手段来解决这些问题。现在人们正在探索能帮助解决问题的其他理论和历史参考，这一探索促使20世纪60年代和70年代所盛行的倡导社会责任和生态责任的运动再度兴起。然而，仅仅抓住"旧"观点不放或将责任转嫁给其他人是不够的；相反，我们必须将这些运动扩大并重新考虑当前的头等大事是什么，此外，我们还要将团队协作作为前瞻性的解决方案。连工业界都早已经认识到"人类生态和社会变革"意味着市场机遇，对设计的审辨态度也可用来销售。从这个角度来看，在当代社会的支持下，很多设计师、研究人员以及受托人都建议从全新的视角来审视巴巴纳克等人，从而推动当前和未来设计服务业的充分发展。[21] 同过去一样，在今天，维克多·巴巴纳克的观点不仅应时而且还具备超前性。正如哈特穆特·艾斯林格所说，巴巴纳克的观点促进世界快步走向一个更美好的未来。

1 我们在学术文章及参考资料中多次谈到这个现象。见 Journal of Design History 杂志上的 Design for the Real World-Human Ecology and Social Change: Design Criticism and Criticism and Critical Design in the writings of Victor Papenek (1923-1998)（2010年1月23日，99页至106页）。
2 在其他起源中，这一表述回归到 Richard Buckminster Fuller 的 Operating Manual for Spaceship Earth，卡本代尔：1969年南伊利诺伊大学校刊。Fuller 还为 Design for the Real World 这本书最初的英文版写过介绍。Human Ecology and Social Change，纽约 Pantheon 出版社，1971年出版。
3 关于这个见我们的文稿 Design Clinic'-Can design heal the world? Scrutinising Victor Papanek's impact on today's design agenda，2011年9月在巴塞罗那召开的设计史协会年度大会上的演讲——Design Activism and Social Change。
4 Victor Papanek 的 Design for the Real World. Human Ecology and Social Change，伦敦 Thames and Hudson 出版社 1984年出版，第16页。
5 同上，第351页。
6 巴巴纳克所著的 Miljön och Miljonerna（The Environment and the Millions）一书十分畅销，最初该书是由斯德哥尔摩的阿尔伯特·邦尼尔斯·佛莱格（Albert Bonniers Förlag）出版的。起初，美国的出版商都拒绝出版此书，但在过去的40年里，该书已经被翻译成二十多种语言。《为真实世界而设计》的作者会定期对该书进行修订，然后再次发行，其中在1984年这一工作是由泰晤士和哈德逊出版社完成的。这一版本也是德文版本的基础。德文版于2009年再次出版，该版本附有评论。
7 Papanek 1984（见注释14），第315页。
8 同上，第58页。

9 在那些年，UNIDO 还支持了一个项目，该项目将来自欧洲和美国的设计师和建筑师结合在一起。这些人包括奥地利的设计师兼建筑师卡尔·奥伯克（Carl Auböck）。奥伯克是维也纳应用艺术大学的一名设计教授，他还曾屡次邀请巴巴纳克前去维也纳。此外，他之前还曾担任过哈特穆特·艾斯林格的 ID2 班的教授。

10 我们不再罗列出传记中用到的大量档案与访问资料。请看：*Victor Papanek, Design for the Real World. Human. Guidelines for Ecology and Social Change*，作者为 Martina Fineder 等，维也纳/纽约：2009 年由 Springer Verlag and editon Angewandte 出版，413 页至 422 页。

11 这个时长 6 分钟的实验性教学影片记录了巴巴纳克对设计所体现的仿生学的观察，并于 1968 获得 Art Directors of America 颁发的奖项。

12 引自 Al Gowan 的书 *Design's Gadfly*，1993 年由 PRINT 出版，第 33 页。

13 引自 Tim O'Riordan 1976 年的书 *Environmentalism*，引用了 Pauline Madge 的内容 *Design, Ecology, Technology: A Historiographical Review*，发表在 *Journal of Design History* 1993 年第 6 期 3 号刊，第 153 页。

14 简单地说，这些迹象是经济增长停滞不前，失业率上升，越南战争，时代冲突，以及 20 世纪 70 年代开始的环境危机。

15 从国际工业设计协会（在伦敦皇家艺术学院成立）演讲大会上演讲的题目与内容可以看到，参与者们在想法上很少有一致性。例如，John Murlis 的演讲"设计师在灾难救援中的角色"，Thomas Kuby 的演讲"社会决定技术形态"，Gui Bonsiepe 的演讲"不稳定性与模糊性——工业设计在非独立国家"，Victor Papanek 的演讲"设计的 12 种方法——因为人们会数"。

16 Pauline Madge 1993（见注释 13），第 158 页。

17 Stewart Brand 自 1968 年创办了"地球概览"。

18 Papanek 1984（见注释 14）。

19 同上。

20 同上，第 237 页。

21 请参见 Nicola Morelli 的 *Social Innovation And Industrial Contexts*, Design Issues 23, 2007; Tim Brown 的 *Change by Design. How Design Thinking Transforms Organizations and Inspires Innovation*, 2009; Roel Clarson 和 Maria Neicu 的 *CTRL-Alt-Design*，该文章提交于 2011 年召开的"设计行动主义和社会变迁"设计史学会年会。

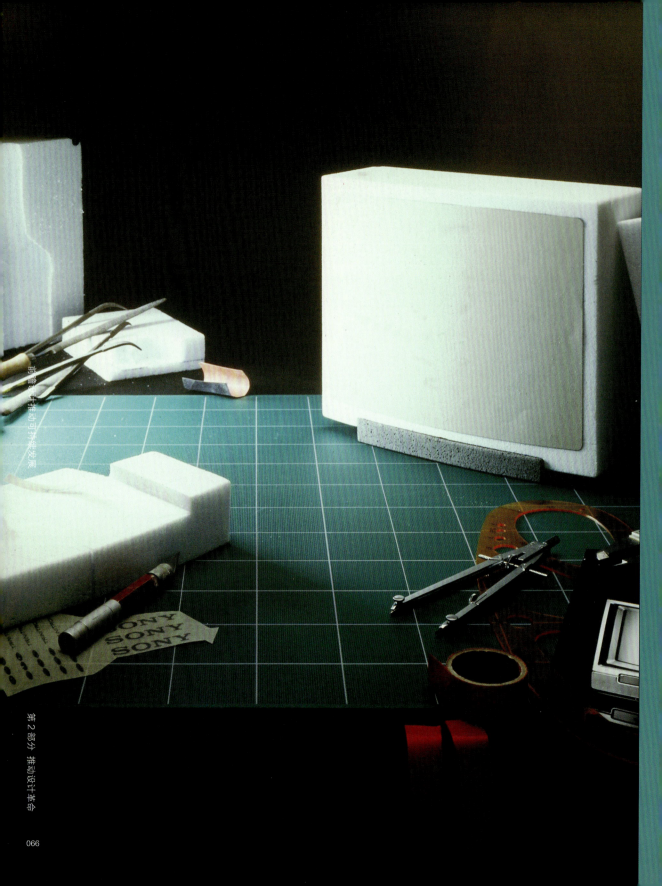

Part 2
推动设计革命

←⋯ 索尼 SKETCHING 电视草模，1978 年。摄影：DIETMAR HENNEKA。

068

4 心手并用进行创作

"在设计中人类会展示出自己的本性。动物也有语言和认知，但它们不会进行设计。"

——奥托·爱舍（Otl Aicher）

设计的过程既简单又复杂。说它简单是因为我们设计师要做的是将头脑中想象的东西以实体形式展现出来让他人品鉴。说它复杂是因为任何人都无法看到或感受到我们脑海中想象的东西。我们需要借助工具来表达我们的想法：铅笔、纸张、尺子、模板、锉刀、锯、钻头、手工工具以及机器设备都是必需的工具。在过去的几十年里，我们还应用了计算机辅助设计工具（CAD）、三维数码印刷、平面原图和动画等数码工具。

所有这些工具都对设计的过程产生了一定的影响。比如，用优质铅笔来作图可以留下广阔的自由想象空间；用墨水来作画时，我们需要清楚地知道自己想要画什么。做一个泡沫塑料模型可以帮助我们快速对一个物体的真实比例有一个大概的了解。对进展越有把握，材料和塑型工具越精细，将它们的使用步骤分得越详细，我们就会取得越好的结果。从手稿到最终成型阶段，任何人都不能认为自己在这些步骤中已经做出最好的设计。

设计初期的开放性是非常有价值的，但是我并不是一直都知道这个道理。刚刚学习设计时，我更多的是以我的渲染能力而自豪，这一能力的发展主要得益于我参加德国《爱好》（Hobby）杂志举办的汽车设计比赛，还有我在技术大学学到的技术绘图技巧。我的指导老师卡尔·迪特（Karl Dittert）教授看到我花太多的精力在每张设计图上，就告诉我说"不要弄这些美式的'胡扯'了，这会限制你的构思过程。设计草图追求的不是好，而是要原创。然后做一个或两个大致的模型，到最后再绘制技术图。"我听从了他的建议，之后很快就明白灵活的工具能让思维更流畅。

索尼贵翔数字音响研究，1982年。摄影：DIETMAR HENNEKA。

今天数码工具十分普遍，因此卡尔·迪特的建议也更加有用。高分辨率彩色显示屏满足了我们的视觉需求，此外，数字工具还让设计师能够将自己的理念快速转化成具有吸引力的可视性图像，然而可视性图像绝不是好的解决方案，也不是设计的终点。除了设计的理论和智力方面，有时候还存在将图像转化为理念这一严峻的挑战。设计过程包括思考、实验和改造。这一过程和讨论流程十分相似，该过程能帮助我们弄明白什么是思维，帮助我们对思维进行重新定义。换言之，设计"东西"是一个过程而不是一个简单的事件。

在本章我想谈一谈这个过程以及该过程牵涉的所有东西。设计师一直在寻找更新、更好的工具，但是我们还必须掌握现有的工具。这里我将讲述我自己学习使用设计工具的经历，但是我还要探讨一下数码和模拟工具让我们具备了怎样的能力，以及这些能力是如何影响我们这些设计师的。设计是一个创造性的过程，它让我们能够展示自己独特的眼光，但是这需要我们在实践中也保留这种眼光。对设计工具掌握得越多，我们的理念就越能成功地从头脑中转移到手上，再从我们的手中转移到公共论坛。

学会将形状转化为想法

从记事起，我就想创造东西、制作东西。虽然只是一个孩子，但我能识别出所有汽车、摩托车和卡车（是的，1948年德国道路上的机动车款式并不多），还能把这些车的样子画下来，而且画得很像。此外，我还会用树皮和木头做车的模型。有一次和亲戚去莱茵河和北海度假，回来后我还开始制作各种船模型。我有幸成长在一个小村庄，我的父母在一个农舍租了一间公寓。我们的房东乔治·高斯既是一个农民也是村里的木匠，农舍附近有一个非常棒的作坊。这个作坊成了我的天堂，但是我却成了高斯先生的噩梦。最后他终于放弃了，给了我一张小桌子和一些工具。

房子的另一边是学校，所有八个年级的学生都在一个班里上课。四岁的时候我开始上学。那是一个挺酷的地方。我们的老师哈恩先生为躲避纳粹逃到了我们这个友善的世外桃源，我现在感觉他在这里教书实在有点大材小用。但他的到来却是我们的福气。我在这所学校"正式"学了四年，班级中的九个学生中有六个升上了高中，有两个（一个是后来成为伟大的画家和雕塑家的克劳斯·亨宁，另一个就是我）之后又上了大学。当时德国的教育模式注重的是理性（现在也是），这种教育体制鼓励的是逻辑思维而不是直觉思维；在这种情况下，为什么克劳斯和我还会具备创造力呢？哈恩先生是这样对学生说的："你的成绩越好，你就越有自由做自己想做的事。"所以我们这些学生都疯狂地学习，我们也因此得到了奖励。我得到的奖励是制作一个小型消防车以及在复活节、感恩节和圣诞节时装饰教室。克劳斯则是为圣诞节和神圣家庭雕刻动物。我们的工具有木头、树皮、纸以及黏土。多亏了隔壁高斯先生的木工作坊，我们的进展十分顺利。那时我的父母开始经营一个小规模时装业务，所以当时我认为我的世界实在是太完美了。但生活还是为我准备了一些惊喜。

在我10岁时，我的父母在旁边的小镇阿尔滕斯泰希（Altensteig）买了一个在家经营的企业。在那里我通过了高中入学考试，而这所高中就在我家对面。我还在附近发现了两个木工作坊，但是两家都不愿意让我在里面待着。因此我在自家建了一个我自己的作坊。在离家去服兵役之前，我经常因为这个作坊和父母发生争执。

在阿尔滕斯泰希，我的生活在很多方面都变得更加复杂。我的老师并不关心学生的创造力。虽然我是一名优秀生，但一旦我做了什么"毫无意义的事情"（如在笔记本上画汽车、自行车、轮船和飞机），他们都会批评我。后来我开始制作飞机模型——在街角处的一个商店的店主也对模型制作有着狂热的兴趣，他还允许我赊账——还玩美国爵士乐和布鲁斯。我的父母开始担心我。他们认为我显然是奔着"堕落"去了。虽然我父母的工作让他们可以接触各种各样的时装设计师，但这也没起到作用，因为他们都对那种"创意人"怕得要死。结果，我的父母决心把我塑造成一个"守秩序的德国人"。

我母亲想出来的改造手段是烧掉我的速写本，但是我父亲的态度比较积极，他将我的精力转移到玩具火车上。除了玩具火车和轨道，在我的房间里还有一张非常大的桌子，我用从附近五金店的垃圾桶里找到的废纸、石膏、火柴和其他一些小东西在桌子上建了一个乡村风景全景模型。14岁时，我决定组建一个摇滚乐队，这让我的父母十分后悔在圣诞节时给我买了一把电吉他。因为缺钱，我不得不制作一些乐器，如用桶和雪茄盒制作的鼓和爵士吉他。后来我对素描、制作和异域风情的音乐的兴趣愈加强烈，这让我和父母以及老师产生了文化冲突。更糟的是，我用在二手店找到的芬达套件制作的功率放大器，使我陷入了负债状态。但是尽管受到了来自多方面的压制，例如一个已经误入歧途的艺术老师不断对我进行折磨，但在学校外面我还是很开心的。我甚至还有一门喜欢的课。

那就是音乐课。音乐老师亚瑟·库斯特尔（Arthur Kusterer）非常出色，退休前他曾是一位作曲家也是优秀的钢琴家，曾和赫伯特·冯·卡拉扬（Herbert von Karajan）一同在柏林爱乐的音乐会上演奏过。库斯特尔先生对我说——就音乐而言——创造力的根源是信念和行动，它让我们除了创造外别无他选。他允许我演奏布鲁斯，但也要求我至少对莫扎特和贝多芬有一个基本的了解。库斯特尔先生并不喜欢将每节课的时间固定下来，他经常说每周让学生完全自愿地上一次课可以把我们变成更好的学生和更好的人（在这里他用了"Mensch"这个德语词，无法准确地翻译过来）。他还说如果我们做的是自己喜欢且自认为是值得做的事情的话，我们就会做得很好。他的这句话让我们充满了信心。

此后我走过了服兵役和学习工程的"歧途"，多年后我告诉库斯特尔先生我终于找到了理想的职业。当时他并不知道"设计"是什么意思，但当我给他解释说设计涉及思考、创造、制作模型、实验、乐趣以及骄傲后，他对设计十分喜爱。他笑着对我说："你知道，我生活在声音的世界而你现在生活在图形的世界。我的'西格弗里德'，你要成为一个英雄，但是你一定要留意哈根们。"（他引用了《尼伯龙根之歌》的典故，里面的英雄是被人从背后刺死的。）库斯特尔将创造性的生活视为一场英雄的旅程——他于1967年逝世，其生平的成就远远盖过了他的离世给人们带来的悲伤。[1]

作为设计专业的学生，我生活中所有"错误"的一切都成了"正确"的。这有点像23年来一直反对政治的人却突然被赋予执政权。我意识到我接受的学校教育中有90%都是在浪费时间，它让我学到的有价值的东西便是了解了事件和想法之间的联系，并教会了我学习的能力。此外，我还学会了如何同缺乏创造力的人进行沟通，这是大部分设计师所无法克服的一大挑战（像"我的客户不明白"之类的评语就体现了这方面的失败）。

来到施瓦本格明德设计学院后，我去的第一个地方就是模型制作室，那里也成了我的"起居室"。不久之后我认识到我要学的东西有很多。设计不同于制作飞机模型，因为设计需要概念思维和实际动手同时进行（或"工具不离手"）。"哦，我的上帝啊，真难看……"这样的评判是经常出现的。我敬爱的教授兼作曲家亚瑟·库斯特尔曾说过，"写在纸上的音符只有被乐队演奏出来才能成为音乐"，这句话后来成为青蛙工作室的座右铭。

当我创立了自己的设计室后，我做出的第一笔投资就是配置跟我在大学工作室里一样的设备。在外面我曾同某些模型制造大师进行过合作，如前乌尔姆设计学院的保罗·希尔丁格（Paul Hildinger），从他那里我学到了很多设计技巧。我经常会怀念当年在苹果做"白雪"（Snow White）计划的时光，我们做了成百上千个模型。但是，要想弄明白我的模型制作过程是如何形成的，我想也许该先看一看青蛙公司首次取得的突破性成功——贵翔3000（Wega System 3000）。这个系统于1970年在德国的年度电子产品展会柏林电子展（IFA Berlin）上首次亮相。

由于时间不足，贵翔拿走了我设计的最后一个模型，以做广告宣传和制作宣传册之用。它们拿走得太仓促，在模型上甚至还有明显的打磨痕迹。这是我的第5个电视模型，这个模型是用20年的老木头、石膏和大量邦多油灰制作的。从最初产生这个想法到在IFA工业展览会上进行展览，这个设计历时8个月——它的成功改变了一切。这个设计

迪士尼游轮系列,魔法与幻境,1995 年。下图摄影:迪士尼。

十分受欢迎，帮助贵翔的业绩增长了 500%，后来贵翔于 1974 年被索尼公司收购。这个设计的成功也促使我确立了"形式服从情感"这一理念，该理念也是警策青蛙公司的另一个座右铭。

在贵翔设计上取得成功后，我聘请了安德烈亚斯·豪格（Andreas Haug）和乔治·斯普伦（Georg Spreng）两名设计师，他们从 1977 年到 1982 年一直是搭档；此外，我还聘请了托马斯·吉格尔（Thomas Gingele）和沃尔特·芬克（Walter Funk），其中沃尔特·芬克是我有幸共事的最优秀的模型制作大师之一。我们的工作室汇集了各方面的人才。我们设计师负责的是设计和初步模型制作，沃尔特负责的是润色加工，产生最终的设计杰作。在工作室我们协力进行模型设计和模型制作，我们的客户有贵翔、路易威登、索尼以及苹果等。

我始终相信好工具能带来好效果。1984 年，青蛙设计公司在计算机辅助设计（CAD）上迈出了开创性的一步，我们投资 140 万美元购买了 4 台 VAX 和鹰图（Intergraph）工作站。但是我认为 CAD 是一个创造工具，而不是诱惑者。今天，随着数码工具在学生中的广泛普及以及工具处理能力的不断增强，很多年轻的设计师都沉迷于数码渲染技术，他们甚至相信在屏幕上看到的东西！但是，事实上，他们所看到的只是音符而已，并不是真正的音乐。

了解技术的潜力和不足

数码工具在设计界的使用十分普遍也极具吸引力，但是我认为很多人都误解了这些工具的功能。数码设计工具依赖的是人工智能技术，并可以连接到 3D 打印机或电脑控制的铣床等机器。然而，对于凭借这些技术设计出来的作品，模型制造人员之间的互动——无论是视觉上还是手工上——是整个设计过程中非常重要的一部分，彼此保持沟通可以让他们得到反馈、进行进一步实验以及对设计进行改进。事实上，将设计过程的视觉执行和物理执行完全置于数码领域的惯常做法导致出现了大量枯燥、单一的产品，这些产品的功能非常有限，它们是造成视觉污染和物理污染的罪魁祸首。

当然，技术在不断进步，所以我们也明白随着时间的推移，数码设计工具将日益完善和成熟。集作家、科学家、发明家于一身的雷·库茨维尔（Ray Kurzweil）创造了"奇点"（Singularity）这个词（他还发明了人声合成器），这个词指的是一个时间点，到那个时候技术将在无须人类介入的情况下自行发展。在 *The Law of Accelerating Returns*（《加速返回定律》）这篇论文中，库茨维尔指出技术变革的速度正在加快，因此在 21 世纪这 100 年里所取得的进步实际上将令人感觉像是历经 20,000 年所取得的。他写道:"几十年后,机器的智慧将超越人类的智慧,彼时奇点也将到来——技术变革非常迅速也十分深刻,而奇点代表的是人类历史上的一个断点。……奇点的影响包括生物技术和非生物技术将相互结合,在依赖软件的基础上人类将长生不老,以及超高智力将以光速向宇宙外围扩散。"库茨维尔预测这个噩梦般的景象(对我来说)将于 2045 年出现。[2] 但现在我们还未发展到那样高的水平。

对设计师而言,重要的是技术进步正给我们所有人带来相当先进的工具,这些工具使我们可以在有限的时间内对使用场景进行模拟,可以帮助我们想出多种方案并最终设计出极富创意的产品。然而,如此彻底的技术进步也可能会带来诱惑和危险,这是一个大问题。最大的诱惑是用"设计模板"来思考和工作,也就是说,从存档中已有的东西着手,设计师要做的只是对其进行修改。很多商业咨询公司都已经确立了这一方法,比如麦肯锡公司(McKinsey)。该公司将这一方法称为"过程模板":在白纸上加上客户的名称,然后针对客户的具体问题稍做修改。此外,制造界也在用这一方法;有些地区的原始设计制造商(ODM)为很多品牌制造笔记本电脑和移动设备,厂商会在产品上贴上自己的商标然后拿去卖。各品牌的产品在外形上有一点点差别,但是所有产品的内部组件以及功能都是一样的。海滩边的鹅卵石都比这个有个性。

我担心的是:如果没有接受过足够的教育,不具备足够的能力和职业道德,越来越多的设计师将严重依赖数码工具,会导致个性、情感和创造本能的缺失。在几乎无限的能力面前,他们的想象力也许会迷失方向,设计同其设计作品的实体互动也许就只剩下盯着屏幕看和敲击键盘了。如果雷·库茨维尔的预测变成了现实,在可预见的未来我们应该可以直接在屏幕上展示自己的想法,然后利用这些信息制作一个能拿在手中的三维模型。这个过程也许乍一听十分有趣也极具吸引力,但请深吸一口气再想想:我们所设想的一切都可以以实体的形式表现出来吗?实际上,我们的大部分想法都是概念以及视觉垃圾——甚至更糟。我记得有这样一个动画短片:一个人的头顶上方有一个显示器,这个显示器能显示出他头脑中想的是什么;故事一开始是有趣的,但很快就变成了令人震惊的恐怖场面。

我想要说的是:审辨式的智者产生了有价值的新想法,但这些想法只有通过一场有效率、有挑战的会面才能变得实际起来。虽然数码工具能对会议讨论起到一定的辅助作用,但是设计师的智慧和合作能力才是这个过程中最重要的工具。即使数码设计工具发挥了自己的最大潜能,它们也只是工具,尽管这些工具具备巨大的力量和能力促使设计师和机器之间的互动进一步向我们的想象思维过程靠拢。然而,设计师必须将这些工具应用于更广泛的合作创造过程,不要被这些工具驱使着去做快速但却没什么意义的工作。

掌握所有的设计工具

如果只有在人的双手和大脑平衡参与的情况下数码工具才能发挥最好的效果，那么设计师需要给工具带来怎样的创造性改变呢？所有创新的直观性表达都体现了发挥创造性的过程，它将抽象的思想变成了具体可感知的实体。这个过程是如何展开的，是当前艺术家和神经学家正在探讨的问题，但是从历史的角度而言，最具创意的人将其创造力的发挥分为两个阶段：首先是头脑中出现大量抽象的灵感，随后是借助工具进行实际操作。

这一过程在其他领域也十分普遍，例如音乐创作。莫扎特曾在写给父亲的信中写道："我现在必须完成，因为我已经以惊人的速度开始谱曲，一切都已经谱好，只是还没写下来。"虽然莫扎特是一个天才，但他还是会反复修改初步创作的乐曲。首先他会对旋律做一些调整并初步确定乐曲中要使用的乐器以及各种乐器的演绎方式；最后，他把修改好的乐谱完整地写下来（他写得十分漂亮，在维也纳和萨尔茨堡的莫扎特博物馆可以看到他的手写稿），包括所有的音符、曲调以及和声。换言之，莫扎特既掌握了他的艺术，也掌握了工具。

数码工具不同于物理材料制成的工具，除去使用它们的技术难度，利用数码工具可以进行任何操作。因此，数码工具不会显示出用户所犯的错误，比如当一个木匠用某个工具对木头或塑料泡沫进行手工加工时，可能会暴露出他在技术上的缺陷。在创造过程中，这种可进行任何操作的塑型方式是一个很大的障碍，因为设计师可能会误认为自己的设计是世界一流的，但实际上他们所设计的可能只是一张漂亮的图片而已。换言之，数码工具非常强大，但是用数码工具设计出来的作品也许只是对现实世界的幻想。因此，设计师要能判断出什么是有价值的必要因素，这比他采用的技术更重要。比如，事实上每个人都可以制作一个用肉眼可见的、逼真的图画或视频，但是如果缺乏概念，大量的视觉信息就起不到很大的作用，并最终造成时间、精力和资源的浪费，而这又成为新的视觉污染源。现在复制-粘贴的图像四处泛滥，并非我轻视 YouTube 这样的网站，但具有专业品质的原创内容就像四叶草一样罕见。

设计经常被视作个人的职业，但是当个人想法在集体讨论或头脑风暴过程中发生碰撞时，真正发挥想象的过程才会开始，这个过程不仅会激发人们产生新的概念，还会激励人们真正进行创新并取得实质性的成果。我们在青蛙设计公司使用的激发创造力的手段之一是所谓的"青蛙思维"（frogThink），这是我们和客户召开的探索性会议，目的是从根本上弄明白我们要做出怎样的改变以及做出这些改变的原因是什么。在这个过程中我们看到神奇的创造力来自思维的开放性、非定义性和一定的模糊

工具、技术和控制

　　科学在进步,设计也一定要向前发展。设计师必须承认这样一点:技术不再局限于物理上的力学和电子学,它已经扩展到化学和生物学领域——克雷格·文特尔(Craig Venter)对人类基因组的解码就是一个例子。对设计师而言,这些进步也带来了多方面的挑战。最大的挑战就是让这些科学进步人性化;第二大挑战是如何将不断扩展的知识和能力转变成新的工具和机遇,这样一来,就是人类在定义什么是人类,而不是让机器来界定什么是最好的机器。也许持怀疑态度的人会对这一观点十分不屑,但是在金融市场已经呈现了"终结者式"的现象,交易的波动受到电脑程序的影响,以至于当机器从股票、债券以及期货市场中榨出最后一点利润后,它们一同做出了相似的决策,要脱身而出,结果就导致了崩溃。工具必须掌握在人类的手中,但是人类必须具备使用工具的能力。

↑ 索尼贵翔泡沫模型,1975年。

性，这些能力都是计算机技术所不具备的。这就是为什么自由思维和互动式创意对话对创造力的发挥如此重要。我在前面曾提到，海因里希·冯·克莱斯在其著名的 *Über die allmähliche Verfertigung der Gedanken beim Reden*（《思维在对话过程中的逐步展开》）这篇文章中对这种你来我往的话语过程做了最好的解释。[3] 他写道："通过和他人对话并交流彼此的意见，想法会凝固并成形。"

将工具发展到一个新的水平：虚拟现实的模拟

虚拟现实是对设计和建筑工艺带来革命性变化的一种数码工具。虚拟现实（VR）是一种用于产品开发和用户模拟的可靠而安全的工具。汽车产业用 VR 来进行汽车内部模拟；此外，VR 长期以来都对医疗保健业有很大的价值，因为该行业一直都用它来进行手术模拟。然而，因为此类模拟技术的应用依然主要是由技术专家所操控的，也主要是为这些技术专家服务的，它为"我们其他人"带来的机遇，构成了 VR 发展的下一个重要阶段——它也许将成为我们所体验过的最具人性化的工具。

杰伦·拉尼尔（Jaron Lanier）是硅谷数码文艺复兴时的人物，他集计算机科学家、作曲家、视觉艺术家以及作家于一身，此外，他还是加州大学伯克利分校的一名教授。大约 25 年前，杰伦·拉尼尔发明了面向大众的 VR。我曾有幸与杰伦共同研发青蛙设计公司的超媒体系统——这是青蛙设计公司在 20 世纪 80 年代末进行的一个项目。他几乎是我遇到过的最彻底、最有原则的人。杰伦将计算机的交互和界面从基于线条或图标的"屏幕"扩展到三维模拟空间。就像小说家对人物形象进行塑造的过程一样，杰伦也总是在头脑中想象人们的反应以发明出更逼真的 VR 交互。有一次我去纽约旅行，正在曼哈顿大街上走着的时候碰巧遇到了杰伦，他当时正坐在一家餐馆前靠街边的一张桌子旁。随后我也过去坐了下来，这时突然下起了大暴雨，南边的中央公园瞬时陷入一片混乱。我们就这样坐在餐厅的顶棚下观察人们的反应。有人十分紧张，有人则一脸冷漠。一个穿着得体的中年男子手提公文包从人行道上走过，他整个人从领带到脚底都湿透了，但他仿佛对大雨丝毫都不在乎。杰伦笑着说，"他是个外星人——一个真正的纽约客。"

杰伦成立的第一家公司是 VPL 研究公司。1999 年，太阳微系统公司收购了 VPL 在虚拟现实以及网络 3D 图形方面具有开创性的专利。杰伦及其研究小组在 VPL 研究公司开发的技术是一个可以同 CAD 空间相媲美的虚拟空间，不过在虚拟空间有完全互动的"对象"。他还发明了首个能够产生沉浸式虚拟现实的可用性软件平台架构以及用于数码系统的首个"化身"或"用户呈现"系统。此外，杰伦还为一个 VR 原型机制作了动态用户界面，配备了"数据手套"和 3D 头戴式显示器。手套将跟踪用户的胳膊、手以及手指的移动情况，而头盔式显示器允许多个用户在一个人工三维空间移动或进行其他活动。用户可以在"几何元素"（如立方体和球体等三维物体）菜单中选择，选中一个物体将之放在虚拟空间当中，然后可以改变物体的大小、颜色和材质。用户还可以借助步行或飞行在空间内移动。

除了给 VR 打下了基础，杰伦的研究还对电影如 *Minority Report* 和 *Tron Legacy* 以及视频游戏产生了一定的影响。1990 年在接受 Java 软件开发商的采访时，杰伦指出了非常重要的一点，他说："大部分人所好奇的不是这些工业用途，而是他们想要体验虚拟世界展示的某些新层次的文化表达……你可以改变它的内在；这个世界可以成为人们的一种表达形式，他们在这个世界里一起创造……他们会创造一些小的现实，相互访问对方的现实，或者合作去创造现实。我认为这个层面的活动将带来全新的人类关系和体验。"

我认为虚拟现实这一概念给设计师带来了新的机遇。当然，这一概念对 Web 2.0 给出的那些依旧显得原始的选择是一个提高，比如在视频游戏、诸如"第二人生"（Second Life）这样的网站以及电影特效中。然而要想发挥虚拟现实技术的真正潜力仍有很长的一段路要走。目前的技术仍缺乏必要的表达能力，无法实现人与人之间或人与物之间的虚拟互动。幸运的是，杰伦对下一代数字艺术家和设计师的建议也适用于创意战略家，即未来的企业家。"技术为人类提供了方便，但是人们在探寻人生的意义。"他说，"数字技术取得的大部分进步满足不了两者中的任何一个要求，原因很简单：因为创造者没有弄明白计算机是什么。对计算机以及相关的心理保持怀疑态度，才能突破制约了大多数数码创新的那种乏味桎梏。"

推动设计的发展

年轻的设计师在将来可以使用各种各样的工具。有些工具（尤其是数码工具）在使用上有一定的捷径，这些年轻的设计师有责任抵制这类工具产生的诱惑。由于他们将面临多种挑战，我认为新兴设计师将不得不提升借助模拟手段进行塑型的能力。今天，几乎所有年轻的设计师和设计专业的学生都对数码技术有一定的了解，因为他们从小就是在数码的环境中成长起来的，无论是在学校还是在家里；在这种环境下，借助计算机技术来发挥创意已成为他们的第二本能。若得不到适当的指导和培训，学生往往会将电子干扰（这里指的是图像）和信号（概念）混为一谈，从本质上而言他们只是"用硅涂鸦"。

我认为现在是让设计专业的学生重新回到模型制作工作室的时候了。他们一定要学会必需的核心技能，这样才能成为真正的职业设计师，这些技能包括：排版、张力和分辨率、形状、比例的平衡以及美学和人体工程学的结合。一直以来，人们采用了很多"快捷简单"的设计方法,但这些设计方法有不足之处。比如,著名的乌尔姆设计学院模型制造工作室的教授保罗·希尔丁格找到了一个通过把聚苯乙烯薄板粘在一起来制作设计模型的"快捷简单"的方法,学生们对此也很开心,因为他们不必再使用黏土和木头。但是这种新材料却无法制作复杂的圆形或大型模型,因此突然间所有人设计的都是小方盒子。通过将模型制作过程简单化,乌尔姆设计学院的模型制作者无意间创造了一种新的风格,后来的新设计几乎都采用了这种风格。加上灰色调,配合黄色、橙色或嫩绿色的按钮,就成了20世纪60年代和70年代德国的设计风格。

秘诀在于将所有工具的作用都发挥到极致并将之用到该用的地方。计算机能够创造性地运用数学公式和非解析式的混沌方程式来创建仿生模型,这是设计发展的一大亮点。今天,我们可以借助计算方程和其他程序来对样本进行处理,等结果出来后我们还可以选择、调整或对样本进行再处理。虽然操作结果往往会归结到人类的判断能力和选择最终产品的能力,但是我们还是应该在选择上慎重考虑。最后将设计投入供应链生产时,数码工具依然会发挥很大的作用。

最后,重要的是我们要记住设计没有理想的途径。事实上,设计留给我们的广阔的个性发挥空间和探索空间是设计职业最美的一面。当然,我们所有人都是在专业环境下工作的,因此我们一定要警惕这个开放性职业中存在的预算问题。诚然,数码工具可能会让有些设计师认为他们可以跳过模拟阶段,避开模型制造这个不必要的环节来节省时间和资金。然而,具有讽刺意味的是,随着先进的用户界面日益消除物理设计和数码设计之间的差别,这些方法之间的差异也越来越小。最后,每个设计都会以实体的形式呈现出来,因为我们人类是以实体的形式互动交流的。为说明这一点,请看一看青蛙设计公司的科林·科尔(Colin Cole)——他于1998年为我们的首个ASP项目建立了非常了不起的"数码模型"——的成果(他的成果在第5章中有介绍)。

出于所有这些原因的考虑,在维也纳应用艺术大学执教的六年间我又建立了一个小型模型制作工作室;现在我在上海新开设了一个大师班工作室,此外,我还会在那里成立一个设备完善的模型制作工作室。我的中国合伙人非常清楚,保持数码、模拟工具和设计过程之间的平衡是十分有意义的,这让我感到莫大的满足。

我要传达给新设计师的理念十分简单但却十分重要:我们必须借助数码工具来开发我们的最大潜力,但是还必须不能让设计在早期轻易取得"成功",以免这些成功带来的自满对我们产生不良影响。这种趋势必定会导致平庸,就像过多地看电视会抹杀创造性一样。此外，我认为随着现代数码设计软件促使我们生产出大量单一乏味的产品，人类卓越的创造力无疑也正在消失。查理·卓别林的《摩登时代》正在进入创意设计世界。作为设计师以及社会的一分子，我们不能接受这样的命运。

只有将所能利用的所有工具和方法结合在一起，我们才能找到真正的"设计途径"：想象、思考、合作、制图、创造性的模型制作以及实验性尝试。所有的设计工具，无论是模拟工具还是数码工具，都将我们的思维和现实世界联系在一起。设计工具让我们给了"模型"一个独特的定义，因此即使是工具的缺陷也能推动我们进一步投入设计中，这迫使我们一定要真正掌握必需的技能。尤达大师说过："要么做，要么就不做；不要尝试。"但另一方面，我们设计师必须"又要做又要尝试。"

1　详见链接 3。
2　*The Law of Accelerating Returns* 是雷·库兹韦尔在 2001 年 3 月写成的。作者将全文上传至自己的网站，网址参见链接 4。
3　Heinrich von Kleist，*On the Gradual Production of Thoughts Whilst Speaking*，载自 *Selected Writings*，由 David Constantine 编译，由 Hackett 出版社在 2004 年出版。

↑　阿尔卡特数字电话，1987 年。摄影：DIETMAR HENNEKA。

5　青蛙战略设计经典

"要把这点点滴滴连在一起，往前看是不行的，必须回头看。所以你只能信任这些点点滴滴，相信它们在将来会连起来。"

——史蒂夫·乔布斯

当一个理念尚未最终形成并且还未经过现实世界的检验时，人们很难证明其正确性。这本书的基本思想是，若要用一种均衡的方式来实现巨大的成功，设计会是关键性的驱动力，但是目前仍有很多人将设计视为昂贵的"附加因素"，认为设计只是无关紧要的装饰，而且既拖延了生产时间也增加了生产开销。如果他们要这样看待设计，那也只能如此了。我从来都没有接受过"美化"这个概念，但是我一直认为美学是实现更高目标的手段之一，它为人类提供了很多人性化的产品，是既能保持社会和生态平衡又能带来幸福感和成就感的物品或过程。这是一个极具挑战性的目标，40多年来我一直都在为实现这个目标而奋斗。我相信我的成功将激励其他人也为这一目标而努力。

我和青蛙设计公司的同事共同设计并推出了上千种产品。在这个过程中，我获得了几百个奖项，我的设计作品也被世界上最负盛名的艺术博物馆所收藏。然而，更重要的是，我的设计成果提高了每天都和我的设计作品进行互动的几百万人的生活质量。青蛙设计公司最初就是在车库里的一人公司，现在发展成为全球性的设计公司，拥有1000多名员工。我们之所以能取得这样大的发展，是因为我们不断努力做正确的事。无论这有多么困难，我们从不找捷径，此外我们还甘愿接受来自社会的蔑视和嘲笑。我从来不在意个人是否会取得成功，但我十分在意自己设计的产品是否在所有的使用者中取得了成功。取得这一成功是目前所有战略设计工作的一个目标。

◁⋯ 密西根 INDUSCO 公司的 FROLLER 溜冰鞋，1977年。摄影：DIETMAR HENNEKA。费城现代艺术博物馆收藏。

为证明战略设计的现实意义以及价值，本章将展示及讲述我本人以及青蛙设计公司之前的一些成功案例。以下所列的特点是这些产品之所以被定义为战略设计产品，以及这些产品之所以会取得成功的决定性因素。这些特点中的一个或多个是这些产品所共同具备的。

- 相关的高层管理人员和／或企业家参与到项目中并将设计作为战略的核心元素。
- 产品和项目（无论是之前的还是现在的）在全球范围内有极大的影响。
- 这些设计证明：虽然技术的发展很不稳定，但经过精心设计的强大品牌会一直持续下去。
- 这些设计开创了或将会开创新的市场，并促进创新型商业模式的建立。
- 这些产品促进了可持续发展，并带来了丰厚的经济效益。
- 这些产品证明顾客注重并愿意花钱购买一流的产品和体验。
- 这些产品说明要以发展的眼光解决问题。
- 这些产品介绍了诸如青蛙设计公司等这些企业是如何直面复杂的挑战并在挑战中发展的。

我们好像生活在一个发展速度日益加快的世界。然而，我们人类拥有十分悠久的历史，在历史的长河中形成了我们的基因组、我们的行为以及我们自身的发展速度，人类自身的发展速度是十分缓慢的。无论不断进步的技术会给我们带来什么，人类都将会以自身的速度向前发展并利用取得的发展实现自身的目标。互联网为我们提供了新的交流工具，虽然新的交流工具也放大了人类阴暗的一面，但是它也促进了社会的进步。我希望本章介绍的这些战略设计作品能为人类点亮前行的道路，以促进技术及其使用方法沿着更积极、更以人类为中心的方向发展。

↑ 贵翔 3000 系统，1969 年，慕尼黑 NEUE SAMMLUNG。摄影：DIETMAR HENNEKA。

贵翔 3022 电视，1969 年，慕尼黑 NEUE SAMMLUNG。摄影：DIETMAR HENNEKA。

贵翔

"现实有很多可想象的地方。"

——约翰·列侬（John Lennon）

在斯图加特-费尔巴赫学习如何做一名设计师时，我常常会从一个外形十分漂亮的建筑物旁经过，建筑物上写着"WEGA RADIO"（贵翔广播）。我知道贵翔公司同丹麦建筑师弗纳·潘顿（Verner Panton）合作了一个橙色音乐系统；此外，我还知道该公司制造的电视机也非常不错，是由博朗销售的。在IFA（德国年度电子贸易展），当我开始欣赏贵翔的产品时，我惊叹于其设计对细节的关注，但是其产品表现出来的布尔乔亚风格却让我觉得很吃惊。贵翔的产品使用了高科技，但是这些并没有从设计上表现出来。其产品更像是素淡的室内音乐，而不是华丽的贝多芬或摇滚乐。

因此，在1968年的春天，也就是在我完成学业前一年，我决定要成为贵翔的首席设计师。我给贵翔公司写了一封信说明自己的意图。在信中，我还另附了我的一些设计作品的照片，正是这些照片让我得到了与首席执行官迪特尔·莫特（Dieter Motte，该公司创始人之孙）会面的机会。原来莫特也对设计有着十分的热情。他非常喜欢我设计的作品，他告诉我他对公司现有的设计师很不满意。然而对于我要坐头把交椅的要求，他笑了笑，建议我以实习生的身份加入公司，我征服他的地方是对消费类电子产品在技术上的理解。

从莫特的办公室走出来时我有点沮丧，但我决定采用他的某些观点来改进我正在设计的可折叠式收音机，参加第一个德国联邦设计奖的比赛。学校放假期间，我完全忘记了设计大赛这件事，直到有一天我收到一封信和一张从斯图加特到柏林的往返机票。我赢得了这一奖项，德国经济部部长卡尔·席勒（Carl Schiller）将在特别颁奖仪式上亲自给我颁奖。

很多设计大师都出席了颁奖仪式，包括迪特尔·莫特。仪式结束后，他跑过来对我说，"我对之前拒绝你深表抱歉，但我们真的很有必要进行合作。"我当时非常激动，但我不确定他是否会兑现承诺。一周后我收到莫特的来信，他在信中简述了他的具体要求。他要求我对贵翔的音频设备和电视产品进行突破性创新设计，此外，他还说明了时间安排并提出以8000马克作为回报。起初我都不敢相信他的报价是真的，但用公共付费电话给他打过电话后，我开始动身前往费尔巴赫。到公司后，我同技术高管和营销高管进行了谈话，参观了该公司精密灵活的生产设施，并针对样品室展示的产品和公司的竞争力进行了讨论。之后我建议我们应采用某些全新的方式来进行设计，以超越博朗和布莱维加（Brionvega）这两大竞争对手。此外，莫特还同意出钱做一个额外的模型，这样每个产品可以按"我的想法"做一遍。握过手之后我的工作也开始了。

第一阶段：贵翔系统 3000

20 世纪 60 年代末，消费类电子产品的外壳都是金属制的或木质的，所以塑型成本高得惊人。因此，我们开始关注新技术（如可成型发泡塑料、薄壁金属注塑技术）和电子元件。我们可以对电子元件进行调整来提高其可用性。在对与用户互动性进行分析的过程中，我们也发现了其中存在的巨大的提升空间。我们没有把小按钮和控制杆安装在不起眼的盖子后面，而是决定给身体体验赋予"高触感"。这一决定需要我们自行设计控制杆、按钮、比例以及场效应仪器，这对于年收入 500 万马克的公司来说是一笔巨大的投资。但是迪特尔·莫特非常喜欢这个独特的方法。考虑到博朗的竞争力以及不断壮大的日本竞争者（如索尼、山水和先锋）的实力，他同意进行额外投资。

当我们得出第一套全新的概念时，莫特认识到贵翔也需要现代化的沟通手段和广告宣传手段，因此他邀请德国的一流广告公司来宣传他们的理念。由于该项目的预算有限，起初这些广告公司不愿同贵翔进行合作；但是当看到贵翔的设计后，他们都迫切地参与进来。最后，我们说服了 Leonhardt & Kern 这个强大的广告公司来为贵翔做宣传。他们组织了一个非常棒的推广活动，产品的照片是由彼得·沃格特（Peter Vogt）和迪特马尔·亨内卡（Dietmar Henneka）这样的世界顶级摄影师负责拍摄的，配合聪明的、有针对性的文案。因此，这些产品成为整个广告活动的中心明星。这些广告充分调动了人们的情绪。广告公司于 1971 年柏林 IFA 召开前的两周开始打出广告。当我到达展会时，展位外已围了十圈人；而过道对面博朗的展厅却十分空荡。当记者问我贵翔是如何同博朗相抗衡的，我说："博朗是现代爵士四重奏（Modern Jazz Quartet），而贵翔是披头士乐队。"（虽然我至今仍十分喜欢现代爵士四重奏演绎的《迪亚戈》，但我个人认为披头士的《白色专辑》要高出许多）。"但是我们的竞争对手不是博朗，而是市场上 95% 没有品味的产品。"

我们发现贵翔不仅对名人和政界人士有吸引力，对不从事设计的人也十分有吸引力。在对演员、足球明星甚至是国会议员的采访中，人们经常会看到贵翔产品的出现。此外，贵翔曾在 1972 年的公众投票中获得"年度产品"荣誉，贵翔公司还将本公司的产品册赠送给生活在孤儿院的一个 12 岁的小男孩。后来贵翔陆续赢得了世界各地的设计大奖。到 1974 年该公司的规模已扩大了 10 倍，后被索尼收购，为的是它的专利和创新产品，也为了打入欧洲市场。贵翔被收购后，迪特尔·莫特仍在公司待了一年，当他离开的时候我们两人的眼里都溢满了泪水。他说："好好照顾我们的文化，为此你要跟贵翔的高管层保持联系。"

↑ 贵翔 3025 电视，贵翔 3135 接收机，贵翔 3435 扬声器，1973 年。慕尼黑 NEUE SAMMLUNG。
摄影：DIETMAR HENNEKA。

↑ 贵翔 LAB ZERO，高保真，1976 年。慕尼黑 NEUE SAMMLUNG。摄影：DIETMAR HENNEKA。

第二阶段：贵翔和索尼

1973年11月，命运跟我开了一个有趣的玩笑，索尼公司竟给我提供了一个职位，并对我说它们想让我给其产品增添欧式情调。最初，索尼计划在德国乌纳建立一个新工厂；但后来得知贵翔的老板正和飞利浦进行谈判后，索尼前总裁大贺典雄抢占先机收购了贵翔。他和我签订了长期合同，合同说明我将继续负责贵翔的设计，并要协助索尼创立一个全球性日本品牌，这个品牌要成为首屈一指的品牌，而且其产品要成为"只有索尼能做"的产品。

这个新安排意味着，在贵翔可以将我们的创意同索尼的电子元件技术相结合，此外，还可以从索尼的规模及其先进的生产系统中获益。大贺典雄认为贵翔将成为索尼家族的精英品牌，但事实证明索尼的有些产品团队很难从情感上接受这一点。然而，有时命运会站在我们这一边，我们的新首席执行官、来自博朗的格哈德·舒尔迈尔（Gerhard Schulmeyer）、分管音频产品的乔格 E. 胡恩（Georg E. Huehne）和分管视频的马库斯·诺丁（Marcus Nurdin）执掌产品管理。在索尼一方，中屋秀雄（Hideo Nakamura）做了不少奇迹般的作品，而贵翔自己的首席工程师鲁道夫·赫尔佐格（Rudolph Herzog）的表现也十分出色。我们设计的产品都是无缝产品，我们甚至还规定了索尼电子元件（如放大芯片、FM调谐器和音箱）的规格。

索尼的音频设备是经过精心开发的。其电视机有一批铁杆追随者，因此我们后来一直沿用了这一设计。不过我们对产品进行了改装和升级，使其更现代化。我们是将发光二极管用作场效应指示灯和电源指示灯的第一人。我们发明了世界上最优质的FM调谐器，并为每个扬声器系统都配置了一个单独的扬声器以防止声音交叉，这些都在我们的产品——LAB ZERO——上展示了出来。此外，我们还开发出了一个革命性的产品，即Wega Concept 51K（贵翔概念 51 K）音响系统，该产品最终被纽约现代艺术博物馆永久收藏。我们将索尼的移动产品和可佩戴式产品中使用的科技转化成了前卫的概念，比如"frogpit"研究型设计和时尚便携式磁带播放器。

虽然取得了种种成功，但是由于内部政治的影响，青蛙设计公司同索尼公司的合作最终瓦解。1978年，贵翔的收入近10亿马克，超过了索尼公司——尤其是在德国市场上。贵翔在市场上取得成功后，索尼德国分公司的经理们在杰克·施谬克里（Jack Schmuckli）的领导下开始游说弹劾首席执行官格哈德·舒尔迈尔，后者最终带着失望离开了。格哈德对产品开发十分热衷，他一直以来将设计视为贵翔的核心，他非常了解如何花钱去挣到更多的钱。他的离开给了贵翔沉重的一击。

接替格哈德的德国主管有一个生意人的头脑。除了东京的几个高层主管，公司对贵翔的支持度逐渐减弱，这预示着贵翔开始走向终结：到1980年，贵翔已不再是独一无二的品牌。今天有些公司采取了创建双品牌的战略（如丰田和雷克萨斯的结合）并取得了成功，这说明索尼让贵翔退出的决定是绝对愚蠢的。

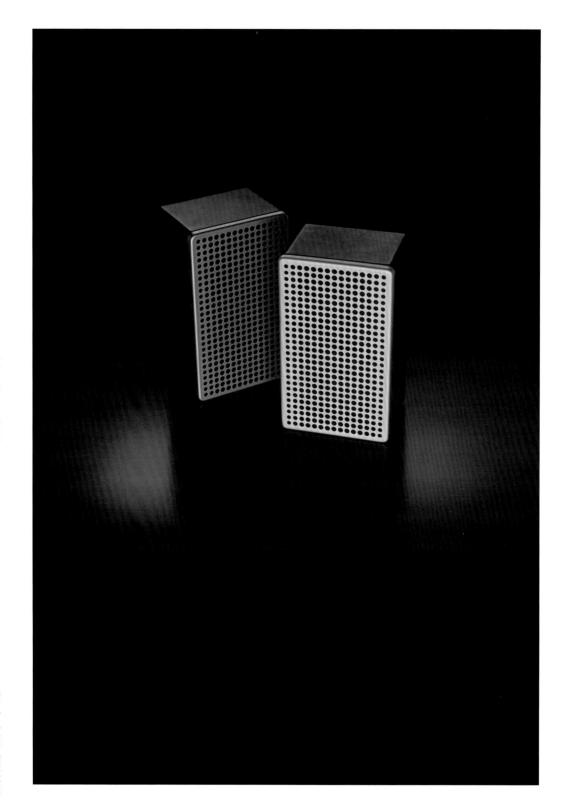

贵翔 3440 扬声器，1970 年，慕尼黑 NEUE SAMMLUNG。摄影：DIETMAR HENNEKA。

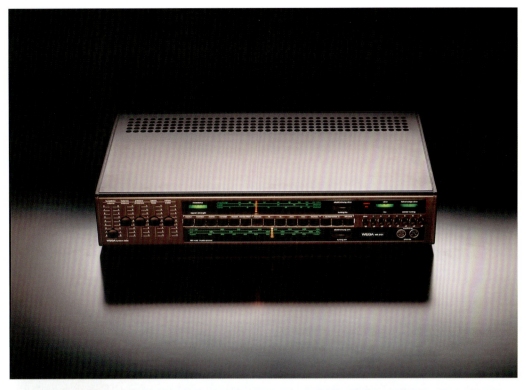

↑ 贵翔 3120 高保真音响，1969 年，以及贵翔模型 42，1975 年。摄影：DIETMAR HENNEKA。

上图：贵翔概念 51K，1976 年，纽约现代艺术博物馆。下图：贵翔模块化电视，5000 系列，1980 年。
摄影：DIETMAR HENNEKA。

上图：贵翔数字音响 5000，1982 年。下图：贵翔带个人电脑、打印机、视频设备的家庭 LAB 5000，1975 年。
摄影：DIETMAR HENNEKA。

⇧ 贵翔模块化电视和视频设备，1976 年。

⇧ 贵翔数字多媒体，1987 年。摄影：DIETMAR HENNEKA。

第三阶段：索尼

1974年我同索尼公司进行了合作，这是一段非常美好的学习经历。索尼公司的技术能力几乎无穷尽，但是其设计（除了一些不错的盒式录音机和便携式收音机）却非常糟糕。特丽珑电视机的外观十分难看，索尼的高保真音响产品的外形也只是金属盒子。颜色是淡灰或炮铜灰，用了木镶板。产品设计中有很多完全无关的形状、十分怪异的边缘设计，以及太多装饰性的元素。因为索尼的产品主要面向国外，因此公司的设计师也从某些面向中级阶层的品牌中寻找灵感，如美国的真力时（Zenith）和德国的根德（Grundig）。然而，大贺典雄和盛田昭夫都知道持续的成功是不会建立在糟糕的品味上的。在遵循日本人信奉的"简单的就是最好的"——"最好的"指的是"最难做到的事"——原则的基础上，我们开始着手建立一种新的设计语言，最后我们把这种语言称为"国际风格"以向包豪斯致敬。

同我们在贵翔设计的作品相比，新风格下的设计图形更加自由。由于大部分产品每年都会有所变化，所以我们制定了产品生产的首要原则、规则和流程。在东京芝浦的索尼总部，设计师的办公室是在高级领导工作的楼层。每个产品投入生产时，设计师都会去工厂，比如生产特丽珑电视机的大崎公司，和它们的工程师进行合作，不过我们的项目中心一直在总部。

天沼昭彦（Aki Amanuma）是我在索尼公司的搭档，也是我的朋友，我们合作创建设计模板，在硫酸纸上画下各部分的基本技术布局；对每一个新产品进行策划时，产品组就会收到一套新的硫酸纸复印图，这样他们就能看到最精确的信息。对于全新的产品而言（如随身听），我们采用的是同样的流程，但是模板会放大两倍。

接下来的一步就是同索尼公司的供应商进行合作。我们从Munekata的模具制作过程中受到一定的启发，之后我们建立了模块建模这一理念，于是在设计产品时我们可以采用更薄的板子。更重要的是，由于更多的模具制造人员所采用的工具更袖珍，因此可以大大缩减周转时间。这一理念促使索尼公司在新年伊始就对4月份要推出什么产品做出了决定。比如，全新的"青蛙系列"电视系统包含多种设计元素，屏幕尺寸也有两种；而该系统从技术分析到市场情报再到召开发布会开始上市只花了5个月的时间。

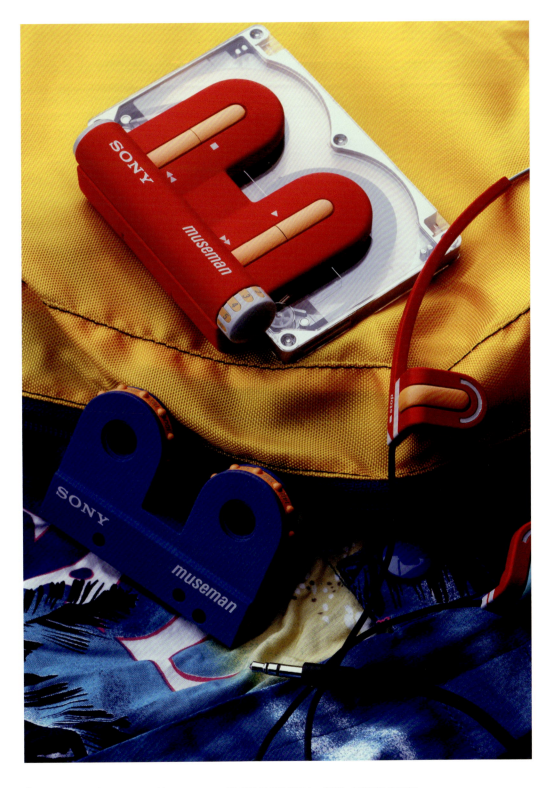

↑ 索尼随身听研究，1984 年（基于 JOERG RATZLAFF 的学位项目）。摄影：VICTOR GOICO。

左上图：索尼摄像机，1983 年。右上图：索尼便携 TRINITRON 电视，1975 年。下图：索尼 BETAMAX 录影机（录影带从前面放入）。

↑ 索尼模块 TRINITRON 电视，青蛙系列 3 和青蛙系列 1，1979 年。摄影：VICTOR GOICO 和 DIETMAR HENNEKA。

上图：索尼 TRINITRON 论坛系列，1985 年。下图：黑色 TRINITRON，1985 年。摄影：DIETMAR HENNEKA。

从历史的角度来看，索尼的很多技术型首创产品后来都逐步被淘汰，这些产品包括特丽珑阴极射线管显示器、Betamax 录像机——我们设计了世界上第一台前开仓式紧凑型录像机——随身听以及 CD 播放机等。我们之间紧密的合作关系一直持续到大约 1986 年，之后青蛙设计公司和索尼公司主要是一个项目一个项目地进行合作的。后来，创始人井深大和盛田昭夫离开了公司，大贺典雄也离开了人世，此后索尼公司逐渐失势。2012 年，是该公司陷入经济危机的第 4 年。我认为索尼公司需要一个以设计为中心的顶级战略，要扩展到技术平台之外的领域（像微软和谷歌那样），这样公司就可以再次生产出具有吸引力的整合型产品。品牌的未来在于数码体验领域。

↑ 索尼可移动 TRINITRON，1977 年。

穆勒电脑技术公司（CTM）

"我不害怕电脑，我害怕电脑不够多。"

——艾萨克·阿西莫夫（Isaac Asimov）

赫尔穆特·亨斯勒（Helmut Henssler）是我在高中乐队里的队友，他学的是计算机技术，后来成为 CTM 的一名程序员。CTM 是从利多富（Nixdorf）公司衍生出来的一家公司，公司名源自创始人奥托·穆勒和伊尔莎·穆勒夫妇（Otto 和 Ilse Mueller）。1972 年，CTM 开始设计面向商业行政用途的小型"中档"电脑，当时赫尔穆特劝说他们到我配置了新设备的车库工作室来见我。他们观看了我的作品，而且非常喜欢我们正在设计的贵翔产品，之后他们说，"我们开始吧！"奥托·穆勒向我解释了新式电脑的构成以及使用方法；至于外围设备，CTM 将从舒加特（Shugart）以及其他硅谷公司购买。外围设备包括大块头的硬盘、磁带存储器、一台黛西（Daisy）打印机以及一个长宽各 16 英寸的 64KB 磁性存储器板。穆勒还指出，他生产的电脑将配有欧洲首个"客户端-服务器"构架。

除了以棱角分明的金属片设计著称的利多富，CTM 几乎没有其他的竞争者。诸如 IBM 或伯勒斯等美国公司所依赖的是日益受欢迎的一种冰箱大小的机器。我们一致认为 CTM 电脑应该非常适合办公场所，此外，我们还对一些简单的模型进行了研究。吃午餐时我们决定将电脑分为三大部件：一个装 CPU 的箱子、一个配有键盘和打印机的桌子式设备以及一个可以放在地上的箱子，箱子中放入一些可选的功能。不到两周的时间草图就完成了，CTM 公司的员工非常喜欢这个设计。CTM 公司的办公楼是租来的，员工在一楼工作，穆勒夫妇住在楼上。我们设计的产品在实际生产时要用钢管来制作，钢管要由经过加热处理制成的塑料板进行密封，而且塑料板要由家具供应公司 Duratherm 来提供。我在自己的车库先生产了四套，之后就将其拿到 1973 年 3 月的汉诺威电脑展上——该展览是世界上最大的 IT 贸易展会之一。我们的展位十分小，但前来参观的人却非常多，因此 CTM 70 系统取得了成功。电脑销售很快发展成为一门价值数百万美元的生意。

随着公司的发展，公司的资金需求也不断增大。1976 年，穆勒夫妇将其大部分业务出售给迪尔数据系统公司，凯旋（Triumph）公司也是它的下属公司。财力雄厚起来后，我们用可成型泡沫设计了 CTM 第二系列产品（类似于贵翔电视）并增加了视觉屏幕作为显示输出。1978 年，我们设计了第一个独立台式客户端，客户端上装有一个倾斜式集成屏幕。CTM 也因此在德欧市场上占有重要地位。

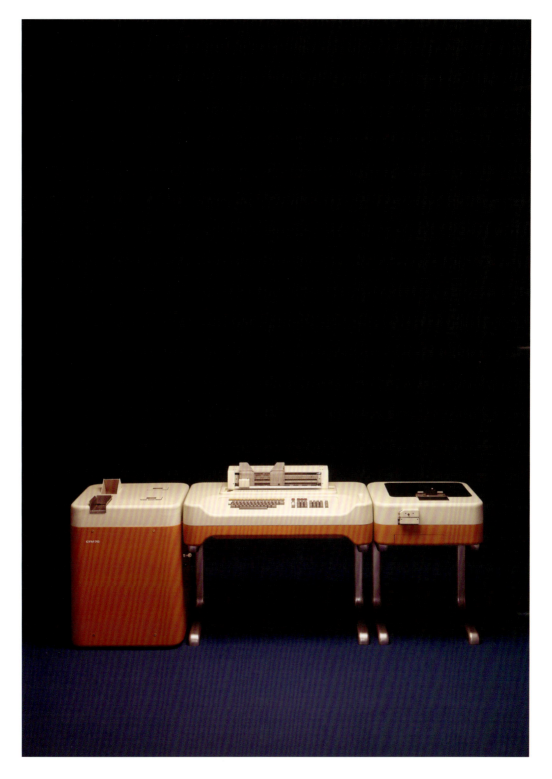

↑ CTM 70，1972 年。摄影：DIETMAR HENNEKA。

　　后来在我和苹果公司协商合约时，青蛙设计公司同 CTM 的合作关系也宣告结束。我的同事乔治·斯普林格多年来一直负责管理 CTM 的账目，所以当他决定离开我们公司时，我让他把公司账户也一并带走了。这对我来说轻松一些，因为穆勒夫妇已经离开了该公司，随后他们又开办了海派世通公司，这个公司的经营业务是开发用于便携式设备的微控制器，同日立公司有着密切的合作关系。1992 年，伊尔莎·穆勒获得巴登-符腾堡州颁发的鲁道夫·伊贝勒奖，因为她是德国第一位女高管和女企业家。

　　对我而言，在 CTM 工作的这段经历十分有趣，在这里曲折的学习经历也让我做好了准备，以迎接苹果公司的挑战。CTM 的设计极具影响力，荣获了多个设计大奖并被世界各地的企业所模仿，影响力甚至波及硅谷。在日本人的思维看来，这是很大的赞誉。

CTM 70-2，1976 年。摄影：GERO SPRENG。

↑ CTM 70 网络基站。摄影：GERD SPRENG。

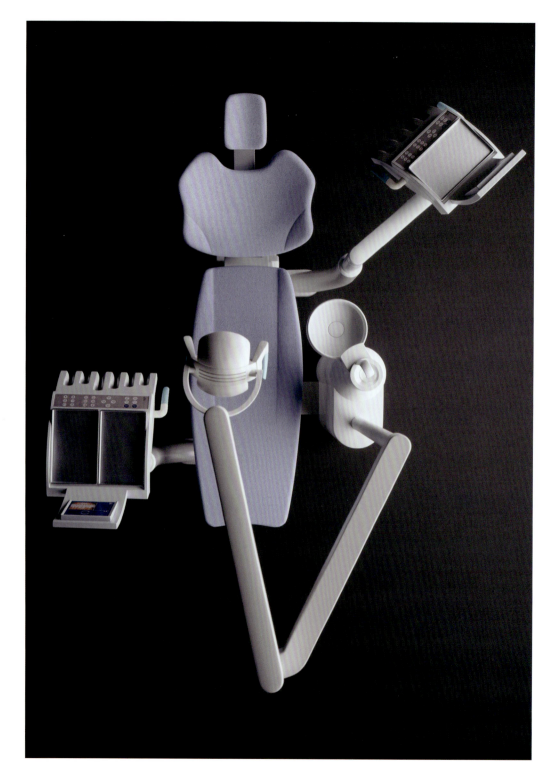

KAVO ESPETICA 1050。摄影：DIETMAR HENNEKA。

卡瓦和卡瓦盛邦

"我不付很高的薪水因为我很富有；我很富有是因为我付很高的薪水。"

——罗伯特·博世（Robert Bosch）

当贵翔的第一批产品上市时，我接到了卡瓦（KaVo）公司首席技术官马丁·索佩（Martin Saupe）打来的电话。卡瓦公司是德国一家经营牙科设备的家族企业，该公司与人合作发明了空气涡轮钻和精密的电动牙科器械。该公司欲发明一种新的牙科灯，马丁希望我能就此提出相关建议，很快我就清晰地发现他之前曾和设计师进行过合作——这不完全是好消息。当我们参观公司时，其公司精密的设备、先进的管理以及高素质的员工都给我留下了深刻的印象。然而，在参观样品间和研发部的时候我感到十分震惊，因为公司的产品（无论是已经上市的还是正在开发的）在设计上十分糟糕。

我的姑妈维海尔米娜·艾斯林格是一名牙医，所以我知道牙医承担着怎样的身体和精神压力。对任何人来说看牙都不是一件有趣的事情，但是患者只在那里待一小会儿，牙医上班时却需要整天都待在那里。在开车回家的路上，我想我们可以为整个牙科系统建立一个综合性的理念，这样从人类工程学和情感上来说，牙科系统将对牙医和患者有更大的吸引力。

于是我们就回到青蛙公司的车库开始工作——画图、制作小模型并制作了一个比例为1:1的泡沫模型。一周后，我带着这个比例为1:1的治疗工具的泡沫模型和比例为1:5的系统模型返回比伯拉赫。此外，我还用幻灯片形式对设计进行了全面、完美的解释。马丁·索佩很喜欢我的创意，但没有表态是否给予支持。后来他打开了办公室里的一个抽屉，我瞬间明白了他之所以这么冷淡的原因。他给我看的俨然是一个设计公墓，里面是20个永远都不会投入生产的牙科设备小模型。我对索佩说，设计必须界定公司的战略，我说我想见见公司的首席执行官——我和我的搭档花了7个日夜为他的公司进行设计，所以我认为我的要求是合理的。索佩给首席执行官、公司创始人之子卡尔·卡尔顿巴赫（Karl Kaltenbach）打了电话，当时他正在和首席财务官会谈。他们二人给了我"10分钟"的时间。

看过第一张幻灯片后，卡尔顿巴赫先生一下跳了起来，说："这就是我一直以来想要的。"看过模型后，他指示马丁·索佩将这些设计理念投入生产以开发出新的产品系列。我们达成一项协议：该公司要拿出净销售额的1%作为青蛙设计公司的版税并拿出

40,000马克作为预付金。工作开始时，公司的开发商和营销人员都十分激动，因为他们也曾出谋划策——这个场面令人分外开心。此外，生产人员也给予了极大的支持。最后公司生产出第一套 Estetica 1040 系统，该系统十分畅销，卡瓦也因此成为全球领先的牙科系统和牙科椅生产公司。

产品的销量大约是最初预计的20多倍，因此就绝对利润而言，这笔版税成了青蛙公司取得的一次经济上最大的成功——即使和索尼公司、路易威登公司以及苹果公司支付的费用相比较都是如此。青蛙公司将获得的部分版税再次投资于基础研究和蓝天概念设计，这促使我们生产出更为成功的产品，比如受女性的启发为卡瓦公司设计的医用塑料设备。马丁·索佩离开公司后，海纳·青泽（Heiner Zinser）成为公司的首席技术官。在海纳·青泽的领导下，我们生产出一些产品，至今我都认为那些产品是整个牙科行业全部系列产品中最卓越的。首席执行官卡尔·卡尔顿巴赫和于尔根·霍夫梅斯特（Juergen Hoffmeister，来自另一个拥有该企业的家族）一直以来都对我们的工作非常感兴趣，他们也开始将设计视为该公司获得成功的主要因素。

2004年，当这个家族决定将卡瓦出售给Danahaer公司时，海纳·青泽离开了公司，并收购了一个小型专业公司，这个公司负责为大型工业企业提供高科技机械部件。随着卡瓦公司逐渐采用"美式"管理方法，青蛙公司也渐渐取消同该公司的合作；设计不再是卡瓦公司考虑的首要因素，被降级为产品团队。

我认为需要指出的是，青蛙设计公司同卡瓦公司在1971年签订的合同，只是用打字机打出来的半页纸。当双方在相互信任的基础上积极合作并真正将创新带来的风险当作一种享受时，公司必然会取得成功。从和卡瓦公司员工的合作中我学到了很多，我将永远感激他们。

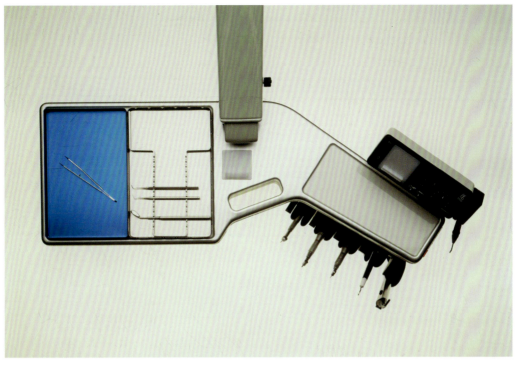

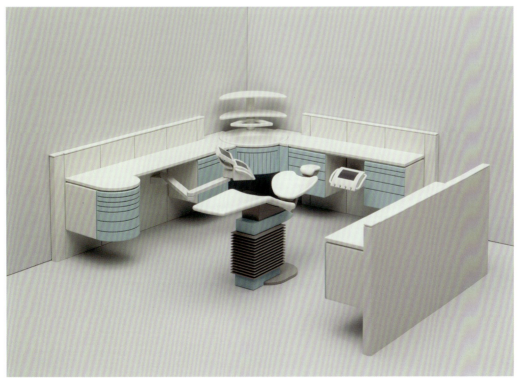

上图：KAVO ESTETICA 1040，1971 年。下图：KAVO 环境研究，1999 年。摄影：DIETMAR HENNEKA。

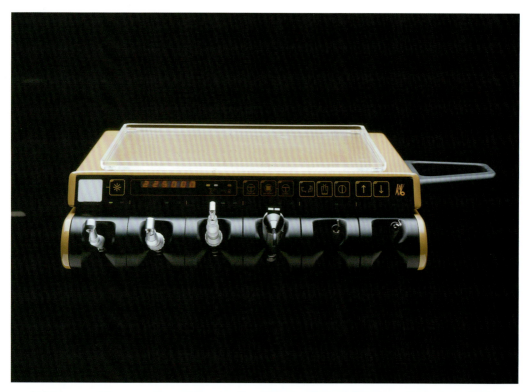

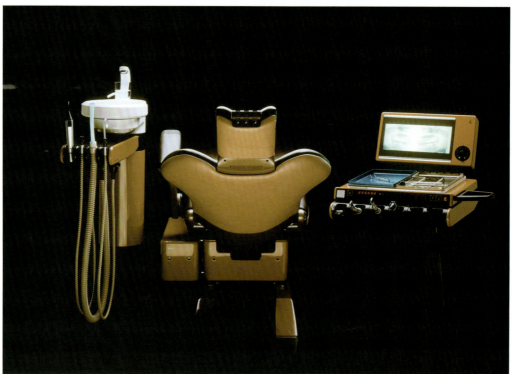

KAVO REGIE 牙医系统，1978 年。摄影：DIETMAR HENNEKA。

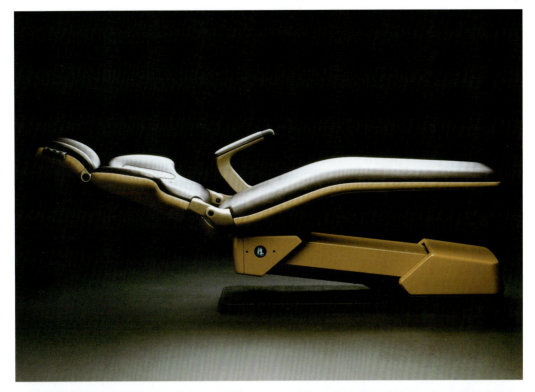

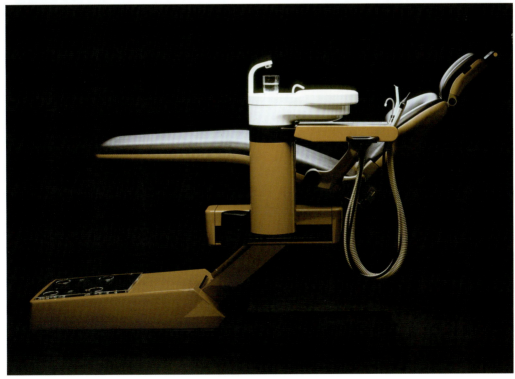

↑ KAVO REGIE 和 SIESTA 椅子，1978 年。摄影：DIETMAR HENNEKA。

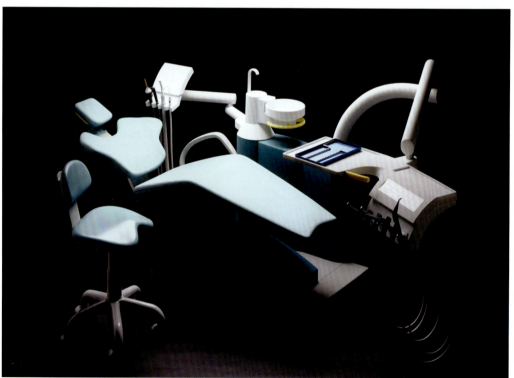

上图：KAVO 牙医灯，1976 年。下图：KAVO ESTETICA-3 牙医系统，1993 年。摄影：DIETMAR HENNEKA。

上图：KAVO SPYDER，仿生研究。下图：KAVO KAPPA，牙科系统。

汉斯格雅和唯宝

"好莱坞就像是毕加索的浴室。"

——甘蒂斯·柏根（Candice Bergen）

浴室是非常私密的空间，围绕着它有很多的禁忌。1972年，我们同意同生产淋浴器和水龙头的汉斯格雅（Hansgrohe）合作，1979年，我们又接受了与生产水槽、抽水马桶、浴缸、家具和瓷砖的唯宝合作。同这两个品牌进行合作时，青蛙公司的任务是把浴室设计得更有吸引力、更舒适。两家公司之前生产的都是浴室基本设施，而且其重点主要是水、化妆品和灯——这些因素对青蛙公司为两家客户进行的设计产生了一定的影响。

汉斯格雅

汉斯格雅位于黑森林的中心希尔塔赫——我父亲出生的城镇。当时的首席执行官、创始人之子克劳斯·格雅（Klaus Grohe）在1972年给我打电话说，他在设计上遇到一个问题，鉴于我基本上是"本地人"，他想过来和我谈谈这个问题。一小时后，他带着两名工程师赶到，工程师给我展示了一个手持式淋浴喷头的模型：喷头是旋转的，并可以产生三种水流——普通式、氧软式以及按摩式。该公司想凭借这种新设备同Water Pic公司生产的按摩式喷头进行竞争。然而，克劳斯及其设计师展示的设计模型会让你产生一种不想让它靠近你赤裸的身体的念头，此外，该淋浴喷头是用三聚氰胺制作的，重得像石头一样。

我们青蛙设计公司的员工回到车库工作室，在不到两小时的时间里就产生了一些非常棒的想法，不过看起来有些像男性生殖器，跟要求的东西不太相符。在对设计进行改良的过程中我们遇到的最大问题不仅在于淋浴喷头的外形还在于喷头的技术。淋浴喷头会在世界各地使用，而不同地方的水质不一样，各地的水中有不同含量的化合物，有的化合物可能会在很大程度上对材料造成腐蚀，甚至会破坏或堵塞喷头的旋转部位。此外，我们的设计还要保证能以最小的水量带来最大的淋浴效果。因为我们的设计是全方位的，所以还需要设计一个半自动设备以控制整个生产过程。人工成本太昂贵了，所以我们希望只在质量管理和最终包装时使用人工操作。换言之，我们的任务是对淋浴喷头进行优化设计以及制造视觉语义，要创造情感和情欲效果，但不是淫秽效果。

在同汉斯格雅的设计师进行合作的过程中，我们发现一个小公司可以将现有的注塑成型机和定制的组装设备相结合。为了我们的项目，这家公司又更进了一步，把现成的

↑ HANSGROHE TRIBEL 沐浴喷头，1972 年。摄影：DIETMAR HENNEKA。

↑ 上图：HANSGROHE 小水龙头，1981 年。下图：HANSGROHE TRIBEL 沐浴喷头，1972 年。摄影：DIETMAR HENNEKA。

设备和一种非常复杂的机器人组装机结合在一起。最终生产出的设备使汉斯格雅可以把淋浴头的 9 个塑料部件迅速组装成一个完整的部件子集，然后再用手将其安装在喷头的柄上。外壳可以是任何颜色，但喷嘴是黑色的。同时这一设备使用同样的材料制造喷头的柄，因此接合部分会非常严密。这个项目的开发代号后来就沿用下来，汉斯格雅将这个手持式淋浴器命名为"Tribel"，这是一个阿勒曼尼俚语，意思是旋转的装置。

其结果是轰动性的。新设备的成本比普通手持式淋浴器低一半多，零售价也比较合理。该设计当然是激进的，但这是该产品的主要优势；没有谁能对它构成竞争，其销量超过了所有人的预期。迄今为止，使用中的 Tribel 淋浴喷头有 2500 万个。经过多年的发展，汉斯格雅已成为在浴室生活方式方面占据世界领先地位的企业。我之前的合作伙伴安德烈亚斯·豪格目前仍和菲利普·斯塔克一起在该公司工作。

唯宝（V&B）

唯宝（Villeroy & Boch）公司的大部分股份仍掌握在其创始家族的手中，该公司的创立可以追溯到 250 年前。250 年前，尼古拉斯·唯勒瓦（Nicolas Villeroy）和弗朗索瓦·博赫（François Boch）在法德边界创立了一家经营陶瓷制品的公司，这就是唯宝公司的前身。通过与汉斯格雅、卡德维（Kaldewei）以及其他生产浴室固定设施的公司进行合作，青蛙设计公司也赢得了一定的声誉，之后唯宝公司的一名执行董事沃尔夫·施密特（Wolf Schmidt）邀请我们设计"起居室般的浴室"这一新理念。我们设计了几个系列的陶瓷水槽、抽水马桶、浴缸、家具以及瓷砖。其中马格南（Magnum）系列取得了最大的成功，但是"顶峰"（Zenith）系列则是唯宝无可争议的设计先锋。

至于顶峰系列，青蛙设计公司采用了一种新的生产技术，这种生产技术给了我们更大的自由：我们没有用这一方法——用石膏工具切割黏土模具，以形成一个空心的陶瓷管造型让水从空心部分流出；我们用的是一种新方法，即以缓慢的注塑成型的方式做出一个实心的形状。这种方法可以使产品的形状更加准确，过渡更加平缓，也可以在烧制的过程中从整体上更好地控制陶瓷出现的缩形现象。我们还设计用多种材料制成的水槽，从顶峰水槽上可以看到，陶瓷材料的"跨度"更加灵活。新设计的产品自然需要唯宝发起一轮新的宣传和广告活动，公司请来赫尔穆特·牛顿（Helmut Newton）担任摄影师。该产品的开发和上市本身就是一个具有轰动性的事情。赫尔穆特·牛顿甚至拿"马格南"作为他的灵感来源：在其中一张摄影作品中，一位女士手持一把 .44 口径的马格南手枪，她刚刚用这把枪杀死了她情人的丈夫……

↑ VILLEROY & BOCH 面盆，1987 年。摄影：DIETMAR HENNEKA。

上图:VILLEROY & MAGNUM MAGNUM 系列,1986 年。摄影:HELMUT NEWTON。下图:HANSGROHE 水龙头,1980 年。摄影:VICTOR GOICO。

↑ 路易威登 SEMISOFT 系列，1982 年。摄影：VICTOR GOICO。

路易威登

"时尚潮流会逐渐消失,唯有风格是不变的。"

——可可·香奈儿(Coco Chanel)

1976年我们开始同路易威登进行合作,但今天,在其公司的产品中很难看到我们设计的痕迹——我认为我们极力采用的鲜亮色彩是唯一保留下来的元素。当然,这是有原因的。我们的大部分设计都是实验性的,目的是寻找一种风格概念,从而将路易威登的形象从传统的法国箱包制造商提升为独特的奢侈品品牌。但奇怪的是,我们发现如果在一个产品系列中"有些因素永远无法匹配",但公司却一直能生产出高质量的产品并不断扩大品牌的影响力,那么在该产品系列中以及该品牌的所有产品系列中,一切因素就都成了能相互匹配的成分。因此,在为路易威登进行设计时,青蛙设计公司无论是在生活方式、时尚还是艺术方面都不跟随任何潮流。

此外,我们还对新材料(如凯芙拉)以及新的生产技术(如激光切割图案技术)进行了研究。在《一线之间》这本书中我曾讲过,我是直接同路易威登的首席执行官亨利·拉查米耶(Henri Racamier)和菲利普·勒格朗(Philippe Legrand)合作的。勒格朗本人就是一名设计师,他后来加入了青蛙设计公司,同时他也是一位出色的项目经理。在这里我想介绍一下我们历时十余年开发的三个项目。

挑战(Challenge)

该项目反映了我们为路易威登所做的所有初步研究。最后我们设计出了一个顶级箱包系列,这个系列的箱包是由凯芙拉材料制作而成的,其制作方式采用的是法国飞机制造业最先采用的某种制作流程。该系列的手提箱十分坚固,但这也是一个问题,因为哪怕是稍做修补也要花费很大的力气。该产品系列最大的优点是:箱子的锁是定制的,每把锁都有特别的钥匙,钥匙的开锁纹是手工设计打造的。

半软(SemiSoft)

路易威登有一个半软式箱包系列产品很成功,该系列箱包由胶合板做外框,再包裹一层柔软的材料。在该项目上我们再次使用了凯芙拉纤维材料,并包裹在由可成型泡沫制作的框架外面,同时这层可成型泡沫框架也起到了缓冲的作用。至于路易威登的其他产品(如箱包),我们对边角部分、定制设计的锁以及拉链进行了视觉处理,同样的视觉处理也应用在路易威登的其他产品上,如包和手提袋。

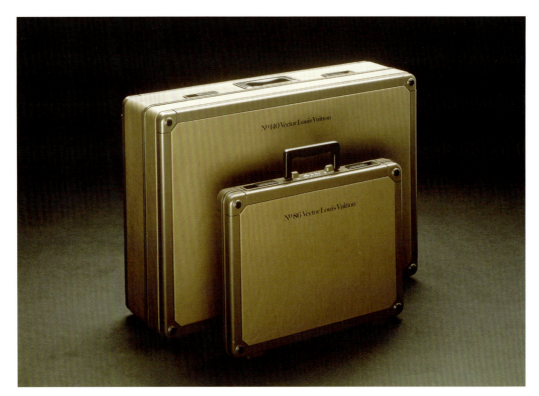

↑ 路易威登 CHALLENGE,研究,1976 年。

路易威登 CHALLENGE，1976 年。摄影：DIETMAR HENNEKA。

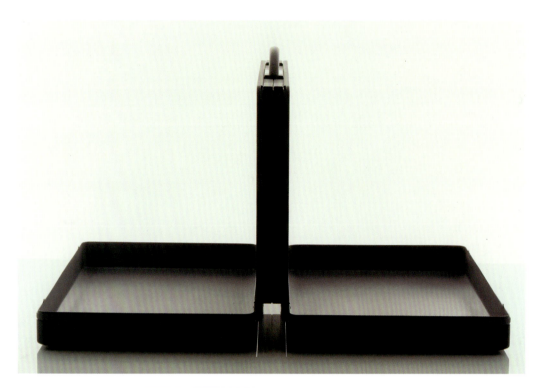

↑ 路易威登 VOYAGER,1985 年。

航行者（Voyager）

这是一个真正具有创新价值的项目。在这个项目上，侧盖和外壳有多种选择并可以进行多种组合，同时在侧盖和外壳之间还有一层中间结构。此外，脚轮和拉杆等配件可以根据用户的喜好安装在任何部位。我们对箱子的内部也进行了设计，方便旅客取出箱里的东西，不必到处翻找或把箱子弄得很乱。国际航空运输协会的转鼓测试显示，我们的设计在外观上是"优等"的，采用的颜色也反映了该产品——该产品系列是路易威登杯（美国杯帆船资格赛）的联合品牌——的新风格。

可笑的是，在该产品系列已经准备投入生产时，伯纳德·阿诺（Bernard Arnault）接管了 LVMH（路易威登 / 酩悦轩尼诗），并决定通过收购迪奥和其他时尚品牌将 LVMH 发展成为奢侈品帝国。不过阿诺也扩充了路易威登原本的专卖店计划，因循的是在巴黎 Marceau 大街开第一家店的传统。

↑ 路易威登 VOYAGER，1985 年。

苹果 IIC，1983 年，纽约惠特尼美国艺术博物馆。摄影：VICTOR GOICO。

苹果

> "我希望苹果公司的设计不只在电脑业里是最好的,在全世界也是最好的。"
> ——史蒂夫·乔布斯(1982年)

1982年是苹果公司创立的第6年,当时公司的联合创始人兼董事长史蒂夫·乔布斯年仅28岁。史蒂夫对伟大的设计有着敏锐的直觉和十分的热情,他意识到公司正面临着危机。除了日益老化的Apple IIe,公司的其他产品都渐渐失去了同IBM生产的个人电脑进行竞争的能力。苹果公司的产品都十分难看,尤其是Apple III以及即将上市的Apple Lisa。公司的前首席执行官迈克尔·斯科特(Michael Scott)为每个产品系列(如显示器和存储卡驱动器等配件)都设立了多个不同的"业务部门"。每个部门都有独立的设计负责人,各部门可以采用任何自己喜欢的方式来对产品进行开发。结果,苹果公司的产品在设计语言或整体合成上存在的共性非常少。从本质上而言,不合理的设计既体现了苹果公司的问题,同时也是造成其问题的原因之一。史蒂夫决定结束这种相互分离的生产方式,于是公司成立了一个战略设计项目,该项目将对公司的品牌和生产线进行彻底变革,从而改变公司未来的发展轨迹,并最终改变世界对消费类电子产品和通信技术的态度和使用方法。

该项目是受查德森·史密斯(Richardson Smith)设计公司(后被Fitch收购)的作品启发而创立的。查德森·史密斯设计公司曾为施乐公司进行过设计,设计师同施乐公司的多个部门合作建立了一套整个公司都可以采用的高层次"设计语言"。杰瑞·马诺克(Jerry Manock)是Apple II的设计师和苹果公司麦金塔电脑部门的设计负责人;罗布·吉麦尔(Rob Gemmell)是Apple II部门的设计负责人。他们打算实施这样一项计划:邀请世界各地的设计师到苹果公司总部进行会面,在同所有设计师面谈后,他们将挑选出两名最优秀的并让其进行角逐。苹果公司将选出最后的赢家,并会以获胜者的设计为蓝本来制定新的设计语言。然而,当时任何人都没想到苹果公司采取的以设计为本的战略和将创新置于金钱之上的方式会取得全球性的成功。

"白雪公主"遇见了"青蛙"

早在1982年我就在加利福尼亚州的库珀蒂诺见过史蒂夫·乔布斯。同索尼公司完善的、资金充裕的设计及产品规划中心和研发部相比,苹果公司只是刚刚起步而已。但同史蒂夫·乔布斯的会面改变了我的职业也改变了我的一生。开始时我们主要谈论的是我的工作——史蒂夫尤其喜欢青蛙设计公司给索尼进行的设计,而所有这些设计都取得了全球性的成功。随后,他表示,他希望苹果公司能借助设计的力量取得这样的成功:"我

上图：苹果白雪1，"索尼风格"，1982年。下图：苹果白雪2，"美国风格"，1982年。

↑ 上图：苹果白雪 1，"工作台"，1982 年。下图：苹果白雪 2，"苹果 II"，1982 年。

上图：苹果白雪1，"SLATE"，1982年。下图：苹果白雪2，"麦金塔研究"，1982年。

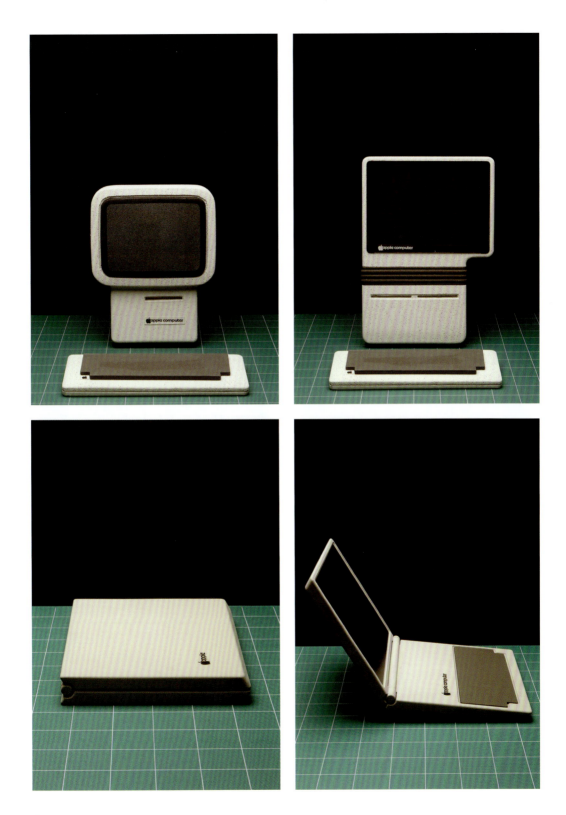

上图：苹果白雪 2，"麦金塔研究"，1982 年。下图：苹果白雪 2，"MACBOOK"，1982 年。

们希望 Mac 的销量能达百万台以上"——即已售出的 Apple II 电脑的十倍多。但我说单靠不错的设计并不能令其实现销量过百万这个目标。

为了达到他的目标，我给史蒂夫提出了很多建议方案。首先，苹果公司需要建立全新的工程策划体制、第三方合作伙伴关系体制、生产和后勤体制以及设计体制。此外，由于苹果公司缺乏世界级机械工程技术，我建议公司可以同索尼、佳能、三星以及其他生产消费类电子产品的公司进行合作，共同进行产品生产，并促进双方的共同发展。我对史蒂夫说，最重要的是，苹果公司需要设立一个直接向他汇报工作的设计团队，而且在苹果公司的战略规划中该设计团队的设计成果要远远领先于在产品开发方面取得的任何实际发展。该体制将促使苹果公司在未来数年开发出新的技术和新的消费者互动方式，这将避免在发展的过程中出现缺乏远见或专门关注某一方面的现象。

当时青蛙设计公司尚未赢得最终的胜利，但史蒂夫十分认可我针对其公司提出的建议。他承诺说，比赛结束后设计部门在苹果公司中的地位将上升，而且设计团队将直接向他汇报工作。他还承诺，如果青蛙设计公司赢得了比赛，我将成为苹果公司的顾问，此外，他还将任命我为公司设计部经理——这个承诺史蒂夫后来兑现了。这个承诺当然给了我很大的鼓励，但是我知道这也增加了挑战。无论是苹果公司的部门经理还是设计师都不可能轻易接受这一架构重组，一场争论在所难免。史蒂夫说："现在，这就是你的任务。"于是，我的工作也开始了。

第一阶段：探索设计 DNA

每一个设计项目在开始时都首先要进行研究以找出外在的机遇是什么，同时还要探索那些目前尚未出现但未来可能会出现的因素。当我们着手从事"白雪公主"这个项目时，虽然电脑还没有从设计方面吸引用户，但电脑技术却在迅速发展。电脑的性能在提升，体积在变小；此外，得益于"专业级"定价同"消费类"定价之间的差异，利润率也十分可观。当时个人电脑还处于起步阶段，由于采用了施乐帕克研究中心研发的位图用户界面，苹果公司取得了一定的优势，因为位图用户界面不只是对专业电脑用户具有吸引力，它吸引了每一个人。然而，苹果公司的大部分产品在机械设计上都比较滞后，而且生产成本也十分不合理。目前德国和日本采用制造电子产品的方法十分先进；我预测，如果苹果公司也能采用德国和日本的生产方法的话，我们在外壳生产上的成本将降低 70%~90%。在同索尼公司进行合作时，我采用的设计方法在技术上是全新的，因此，我们决定将同样的方法用于苹果公司的产品上。事实上，若采用盒式生产（case-production）技术，我们的设计会更出色也更环保，因为利用该技术生产出来的外壳将是世界一流的高档产品而且这种外壳不需要喷漆。

在消费者分布数量方面，我们没有得到准确的市场数据，因为之前的技术市场没有真正采用这一新方法的先例。我们必须为电脑树立一个全新的典范，大规模生产面向普通用户的人工智能机器。在探索如何对这种新设备的"外观"进行设计时，我查阅了历史，尤其是美国土著神话，因为我认为苹果公司的设计应该植根于西海岸的历史。在这一过程中，我们看到了纳瓦霍人用几何图形画的沙画，也看到了阿兹特克人的艺术作品，阿兹特克人的石刻浮雕往往特别像宇航员。这些图像启发我们可以把苹果公司的电脑设计成人的形状以及将显示屏设计成类似人脸的样子。

在同史蒂夫和苹果公司的其他高管进行过多番讨论后，我们就接下来的进一步研究确立了三个方向。

- 理念1是"如果索尼要生产电脑的话，它会怎样做。"我并不喜欢这个想法，因为这可能会和索尼公司产生冲突，但史蒂夫却坚持采用这一理念。他认为，索尼简洁、冷静的设计语言应该是一个很好的基准，而且在将高科技电脑产品设计得更智能、体积更小以及更易携带方面，索尼也是当前的领头企业。
- 理念2强调的是"美国风"，主张将高科技设计同美国的经典设计（尤其是雷蒙德·洛伊（Raymond Loewy）为史蒂贝克（Studebaker）以及其他汽车公司构思的流线型设计、伊莱克斯家用电器的线条设计以及基士得耶的办公设备，可乐瓶瓶身的自然流畅的造型）重新结合在一起。
- 理念3是留给我的。那就是越新颖越好——这也成为最好的挑战。据报表显示，理念1和理念2是已经被证实有着可靠依据的，所以理念3就是我通往神秘目的地的船票。它最终会成为胜出的一个。

理念1实施起来比较容易，因为我了解索尼公司的设计战略。我不会抄袭索尼的战略，但我会将之作为出发点并以此来构建一个模块系统，这种系统可以促使苹果公司生产出多种不同的产品而且产品的部件将更少。但这一理念也有缺陷：组装成本非常高，效果也不是很好。显然，设计出美观的外形只是我们所面临的挑战的一个方面。

理念2在实施伊始十分顺利，我们也得到了立竿见影的效果。但该理念所采用的复古未来主义式的方法没有足够的新意。我们设计了一些漂亮的形状，但这些形状都缺乏概念内涵，整个概念无法传达出我们想要表达的新语意。我开始怀疑流线型设计是不是年代太短了，因此感觉不到其历史性。我知道概念具有怎样的吸引力；人们通常不愿接受完全的改变，因此我们往往希望能在新事物里找到某些熟悉的成分。然而，理念2背后的想法根本行不通，因此我们将采用第三种理念。

理念3是对革新进行设计和想象的大好时机，但我却陷入了窘境。从为贵翔和索尼等电子产品公司进行设计的经历中，我认识到我不能安于现状，而应提高自己的能力。

上图：苹果白雪 1，"LISA 工作站"，1982 年。下图：苹果白雪 2，"平面显示器工作站"，1982 年。

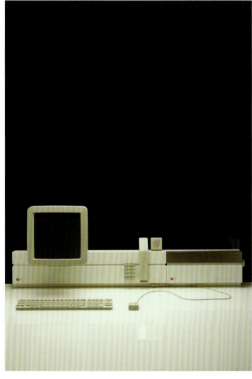

上图：苹果白雪 2，"MAC 与苹果 II"，1982 年。下图：苹果白雪 2，"工作台与音乐 MAC"，1982 年。

上图：苹果白雪 1，"模块化 MAC"，1982 年。下图：苹果白雪 2，"MAC 手写电脑"，1982 年。

⇧ 苹果 IIC,1983 年。

上图：苹果白雪 3，"苹果 II"，1984 年。下图：苹果白雪 3，"MACBOOK"，1984 年。

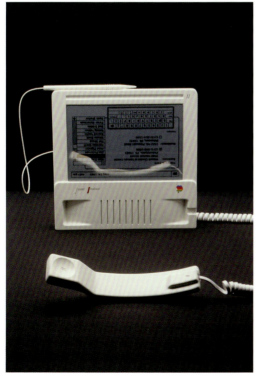

苹果白雪3,"MAC 电话",1984 年。

研究马里奥·贝利尼和埃托雷·索特萨斯为好利获得公司进行的设计并未起到作用,他们的设计表现力过强,其精英式的风格无法吸引我们所面向的广大目标消费者。史蒂夫·乔布斯很喜欢迪特·拉姆斯为博朗所做的设计,我也很欣赏迪特低调的设计方法,但是我发现迪特的设计在当时有点过于独特。事实上,苹果公司不是"电脑公司",苹果公司正在树立一个新的典范:针对消费者——孩子、老年人以及介于两者之间的所有人——的人工智能产品。我之前的工作从未涉及过这一项目。

在和安迪·赫茨菲尔德(Andy Hertzfeld)、比尔·阿特金森(Bill Atkinson)等程序员接触了一段时间后,我突然得到了灵感。他们对软件的讨论简直如诗歌一般,但电脑屏幕上显示的却只是一行行十分抽象的代码。这一行行的代码给了我很大的启发。第二大启发来自比尔的预言,他预言从显示器到 CPU 箱等设备所采用的一切笨重的物理技术最终将被美观的"平板"所取代。因此理念 3 的视觉基因就是"线条和平板",也就是说"没有角度,只有过渡"。此外,产品的颜色必须是白色,或尽可能接近白色。

第二阶段:白雪公主设计语言

第一套模型生产出来后,我们将其寄到加利福尼亚。同苹果公司的各团队进行讨论后,一致同意向以"线条、平板、无角度"为宗旨的理念 3 方向发展,我们将这套设计语言命名为"白雪公主"。此外,我们还简要介绍了这一理念的标志性元素和视觉处理方法。

- 采用平板结构,无拔模特征、表面纹理最少化、无漆、必要时有过渡角,将角度降到最小(显示器)、体积/面积尽量压缩到最小。
- 尽可能对称。
- 从前端到后端的线条均为宽 2 毫米、深 2 毫米,网格 10 毫米,前部凹陷 30 毫米、后部凹陷 4~10 毫米。
- 颜色:白色、柔和的橄榄灰色用作对比色(1984 年年末改成了银灰色)。
- 品牌:单独的苹果标志无缝嵌入到设计之中。产品名称是移印(tampon-print)的,颜色是深灰色。字体风格:阿德里安·弗鲁提格(Adrian Frutiger)的 Univers 窄斜体和 Garamond 窄体。

在和苹果公司的经理和工程师们就技术及其可能趋势进行讨论后,比尔·阿特金森给我提出一个挑战,要将平板显示器、触摸界面以及将电话设备融入电脑等未来发展规划上来。回到德国后,青蛙设计公司又开始投入工作中。在采纳比尔的意见的基础上,我从"白雪公主"项目的基本要求以外的角度来思考问题,并设想在未来可能会出现什么新产品。比尔甚至在来欧洲度假时还在青蛙设计公司位于黑森林的工作室进行了工作会谈。因此，也许世界上将产生一套全新的理念：无线移动翻盖手机、触摸板电脑以及配有与键盘相同大小的显示屏和触摸界面的笔记本电脑。1983年史蒂夫给Mac团队展示"这就是我们要制造的下一代麦金塔"苹果笔记本电脑模型时，他们都惊讶得不敢相信。但是，我知道这个任务十分重要。当时我从事电子产品设计已达十年之久，其间我看到了很多技术及公司的发展和没落，我十分确定苹果公司需要一个设计战略，帮助它们超越电脑机箱、键盘、鼠标以及显示器这样的普通模式。

为做最后的陈述，我们将苹果公司马里亚尼大厦的一个房间作为展示厅。即使以今天的标准来衡量，这也是我记忆中最棒的一次展示。史蒂夫·乔布斯和苹果公司的董事们都十分激动，此外，董事会还观看了幻灯片展示和模型并倾听我们对该理念的讨论。最后，青蛙设计公司取得了胜利。为使我们取得圆满成功，苹果和我们签署了一份年薪高达200万美元的合同，并让我们负责苹果公司的所有设计。虽然我依然只是一名顾问，却被任命为公司设计部经理——这是史蒂夫曾做出的承诺。现在，真正的工作开始了。

史蒂夫·乔布斯所获得的不仅是一个全新的外形，在我们的共同努力下，苹果公司开始沿着新的方向发展，苹果公司成为世界上首家生产数码消费类电子产品的公司。此外，史蒂夫还深化了自己的认识，他对产品以及产品在市场上的影响有了进一步的了解。他十分认可"外形简单美观，颜色纯白无杂色"这一新理念。事实上，在1983年召开的阿斯彭设计大会上发言时，他甚至还谴责索尼公司的"黑色金属漆"。在史蒂夫看来，所有一切非黑即白。这是一种直接、绝无他选式的心态。此外，他还善于倾听，当遇到更好的方法时他会最终改变方向。这种独特的能力以及他那种直接、绝无他选式的心态使他成为促进发展的理想合作伙伴。

第三阶段："白雪公主"项目付诸实施

虽然我得到了史蒂夫·乔布斯的全力支持，但苹果公司的大部分设计师仍认为他们才是设计负责人，因此该公司的所有设计师几乎都不愿同我进行合作。考虑到Apple III的失败以及Lisa也面临越来越大的困难，我感觉该公司仍处于危机之中，公司不能再像现在这样没有职业原则了。因此，我没有让步。我们之间的对峙导致有些设计师（如杰里·马诺克）离开了苹果公司，而其他人要么被解雇要么被派到其他部门（如罗布·吉麦尔，我至今仍对他充满了感激）。苹果公司的新任首席执行官约翰·斯卡利（John Sculley）对这个局面也没起到太大帮助。对于任何争议，他的回应都是以完全商业式的口吻问，"这是职业性的还是个人性的？"我认为这是职业性的。因此我对史蒂夫·乔布斯的支持充满了感激之情，于是我决定投入十分的热情为公司设计出卓越的产品，以此来回报他。他曾要求要世界上最好的设计，我一定会为他做到。就这么简单。

1984年，"异想天开"式的Apple IIc获得了《时代》杂志的认可，成为当年的年

↑ 苹果白雪3,"JONATHAN MAC",1982年。

↑ 苹果 BABY MAC，1985 年。

苹果 IIGS 系列,1985 年。摄影:DIETMAR HENNEKA。

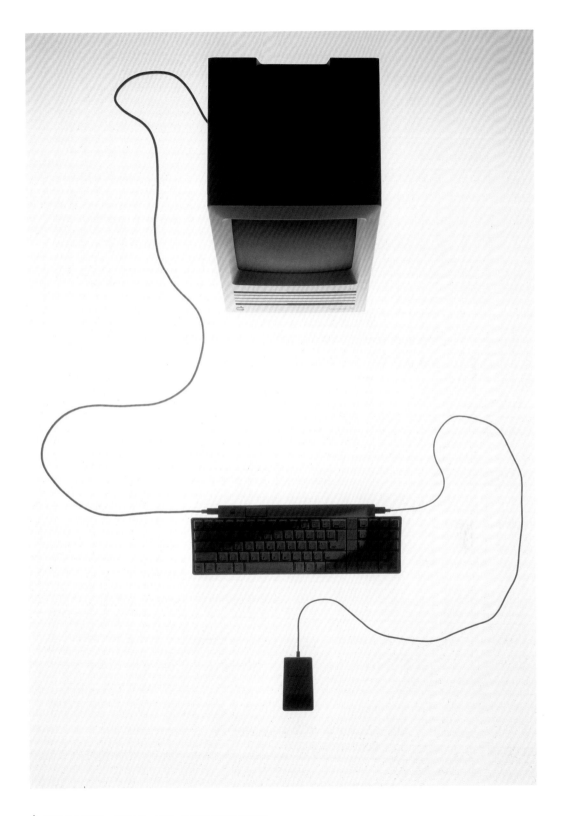

↑ 苹果麦金塔 SE，1983 年。摄影：DIETMAR HENNEKA。

度设计，这也证明了史蒂夫的远见卓识，他的成功不仅仅体现在庞大的销售数据上。不幸的是，麦金塔在那一年的总体业绩并不是特别好。由于设计上不达标而价格又上调过多（约翰·斯卡利将价格从 1900 美元提高到 2500 美元），麦金塔电脑的销量远远低于预期水平。因此，虽然 Apple IIc 取得了成功，但我们仍无法停下来休息。现在，我们必须将"白雪公主"的设计运用到苹果公司的其他产品线上。

接下来我们把重点转移到苹果公司的打印机以及 Apple II 台式机最后阶段的重新设计上。通过同佳能公司进行紧密的合作，我们在 LaserWriter（激光打印）上取得了突破性的创新。当时公认的标准是"点阵"印刷；为摆脱这种难看的印刷方式，史蒂夫从柏林贝特霍尔德（Berthold）造字厂拿到了一些具有排印品质的字体。苹果公司的开发人员大大推动了反锯齿技术的发展，因此 PostScript 色彩管理方式成为桌面出版的新标准。

随着苹果公司产品研发进程的不断深化，我们感觉"白雪公主"设计语言在细节上有点过于温柔且过于复杂。为了使"白雪公主"的设计更具竞争力，我们锐化了产品细节，并将该设计应用于体积较小的产品和新技术上。我们开发的产品包括同美国电话电报公司共同研发的电话、可连接到电视上的 Mac 以及其他在未来可能会沿着数码方向发展的一系列产品（如音乐播放器和视频播放器）。在史蒂夫的坚持下，我们在产品颜色上增加了"无烟煤黑色"。

乔纳森·艾夫在 iPod 和此后的产品设计中继续沿用"白雪公主 2"语言，证明了它的效果非常好而且是禁得起时间考验的。Apple II GS 笔记本电脑包括了 CPU、键盘、鼠标、连接器、电线和打印机（由东京电子公司生产），全面采用"白雪公主 2"设计语言。但具有讽刺意味的是，这些产品是 Apple II 系列生产的最后一批产品，但这些产品在经济上取得的巨大成功对苹果公司具有非常重要的意义；Mac 的销售情况不是很好，不足以带动公司的发展。现在回想起来，我对 Apple II GS 系列十分满意，因为该系列走过了很长一段历程。

之后我们做出这样的决定："好得难以置信"（insanely great）的紧凑型 Mac（即 BigMac 和 Baby Mac）必须将苹果公司推到绝对领先的地位，苹果公司要生产出任何人都能够使用的很酷的友好型数码设备。我们同东芝公司合作开发了一种新型阴极射线管屏幕（CRT），避免使用廉价的普通 CRT，还研究了纯平显示器技术。为尽可能缩小 Mac 的体积，我们尝试了无线键盘和无线鼠标。在开发 Baby Mac 的过程中，史蒂夫还聘用了一名优秀的新成员——艾伦·凯（Allan Kay）。由于软件开发组取得了很大进步，同时苏珊·凯尔（Susan Kare）在用户界面的研究上也取得很大的进展，我认为 Baby Mac 将成为史上最伟大的产品之一。但是命运偏要与史蒂夫和我作对，史蒂夫在同约翰·斯卡利进行权力斗争中失败了，被踢出苹果公司。因此，Baby Mac 虽然是我做的最好的设计，却永远都不会投入生产。随着乔布斯的离开，苹果公司也失去了灵魂，直到 12 年后（即 1997 年）才开始复苏，因为那时乔布斯又回到了苹果公司。

⇧ 苹果麦金塔 SE，1983 年。摄影：DIETMAR HENNEKA。

NeXT 公司

"我设想的那个 Web，我们还没有看到。未来依旧比过去广阔得多。"

——蒂姆·伯纳斯-李（Tim Berners-Lee）

被逐出苹果公司后，史蒂夫·乔布斯和苹果公司的几个朋友创立了 NeXT 公司，该公司主要致力于生产用于高等教育的高端"智能工作站"电脑。NeXT 操作系统采用的是 UNIX，其硬件和苹果公司开发的下一代硬件十分相似，采用的是摩托罗拉公司的 6800 系列微处理器，该处理器采用的是 CISC（周期指令集计算）技术。太阳微系统公司的 SPARC 使用的新一代芯片采用了 RISC（精简指令集计算），这种芯片比 CISC 技术要强大，但是 CISC 技术更容易用图形语言进行编程。因为其使用的是 CISC 芯片，所以 NeXT 公司的 CPU 在运行 UNIX 操作系统方面十分慢，其速度无法同太阳公司的 Solaris 操作系统相比。然而，图形性能优良的 NeXT Step OS 有极高的易用性、多线程能力和坚如磐石的稳定性，因此，这些特点促使在 CERN（欧洲原子核研究所）的蒂姆·伯纳斯-李（Tim Berners-Lee）在一台 NeXT 电脑上为互联网写下代码，现在这台电脑在硅谷山景城的计算机历史博物馆展出。

史蒂夫离开苹果公司后，青蛙设计公司继续同苹果公司进行合作，因此我不想接 NeXT 公司提出的任何设计任务。但是后来苹果公司开始违反合约，我就答应以个人身份（而不是青蛙设计公司）同 NeXT 公司合作。苹果公司其实是帮了我一个忙，因为史蒂夫曾非常友好地给它们写了一封信，信中表示希望它们能允许我同他进行合作，但苹果公司的反应十分荒谬。苹果公司拒绝了史蒂夫的请求，此外它们还派了公司的"猎犬"里奇·乔丹（Rich Jordan）来监视我。尽管如此，在一个星期六的早上，史蒂夫、NeXT 公司的工程设计师大卫·凯利（David Kelley）和我聚在一起谈论他们正在开发的一个理念，在 CPU 上安装一个类似主机的主板，这个想法实在是太棒了。

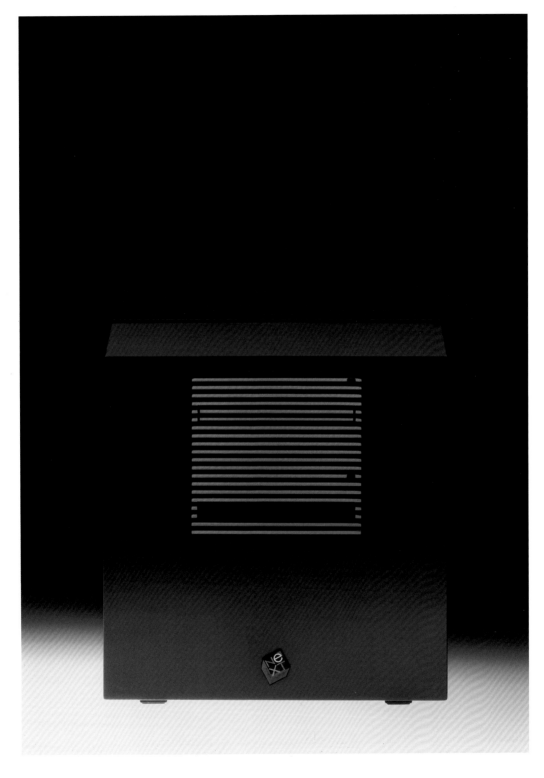

↑ NeXT CUBE，1986 年，旧金山现代艺术博物馆。摄影：DIETMAR HENNEKA。

↑ NeXT CUBE,早期模型,1986 年。

↑ 上图：NeXT 工作站，1988 年。下图：NeXT 电脑主板，1977 年。

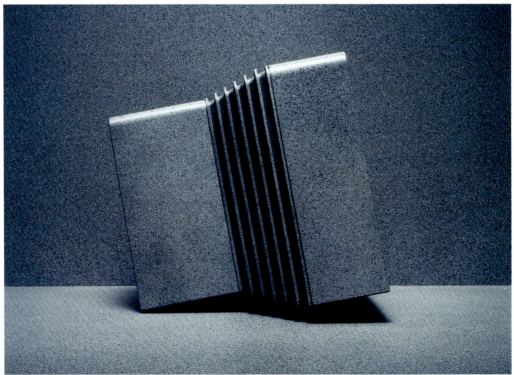

NeXT 显示器,早期模型,1986 年。

NeXT CUBE，GRANITE 研究，1986 年。摄影：DIETMAR HENNEKA。

之前史蒂夫已经邀请了伦敦的一家设计公司来进行研究，但它们的理念——将NeXT的电脑设计成大大的人头的形状——有点匪夷所思。做过一番讨论，还有我画出的一些草图，我们商定了一个方向。于是，我回到家，在厨房里开始工作；到星期日的晚上，我拿着初步设计图去找史蒂夫，这份设计图让他感到万分激动；CPU的形状是立方体，显示器由两块平板构成（一块是面对用户的屏幕，另一块朝后），后面那块里放着CRT以及其他电子元件。因为索尼公司负责显示器的设计和生产，因此我们不必担心显示器会显得又笨重又廉价。大卫·凯利设计的悬臂支架看起来就像是一个精美的手工艺品。之后我去了德国，并在一个朋友的模具店将模型制作了出来，工艺十分细致，其中立方体模型的外表采用花岗岩纹理的表面处理，另一个则是无烟煤黑色的外观。史蒂夫当然喜欢那个无烟煤黑色的。最后，我将保罗·兰德（Paul Rand）设计的立方体标志改成了3D版。只用了两个月时间，这个设计已经进入最后的工程环节了。

在NeXT的经历于我是无比珍贵的。和史蒂夫在这种小规模的项目上合作非常美妙，我们的配合过程完美无瑕。史蒂夫回到苹果公司后，NeXT就只能通过建立Mac操作系统而生存。奇怪的是，该系统的设计看起来有点古怪。所以到后来，苹果公司把它改成了"aqua"苹果电脑的图形用户界面，而我在NeXT公司的股权期权也转成了苹果公司的股份，我是很开心的。

↑ NeXT 工作站，1988 年。

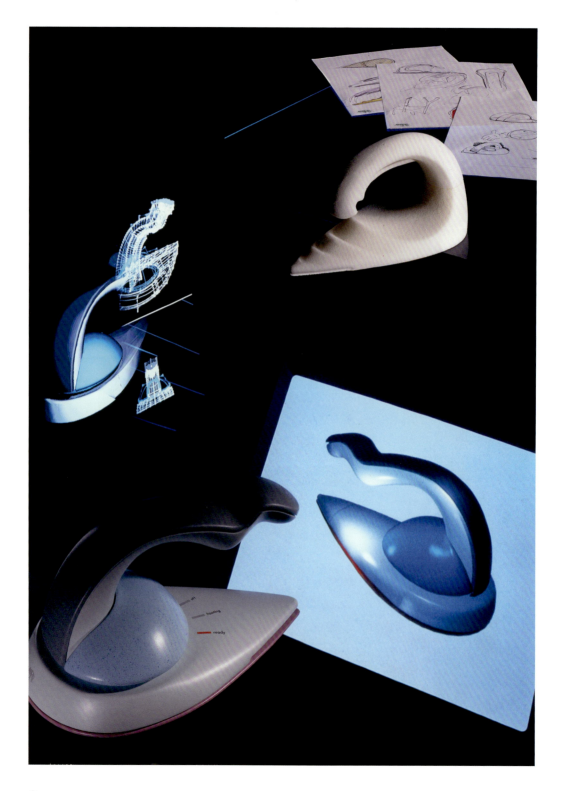

↑ 海伦·哈姆林基金会，无线熨斗，1986年。

海伦·哈姆林基金会

"老年人绝不能胆小。"

——贝蒂·戴维斯(Bette Davis)

1986年,海伦·哈姆林(Helen Hamlyn)和我们取得了联系,她建立了一个基金会,目标是通过设计来改善老年人的生活。[1] 海伦曾邀请了几名设计师和几家设计公司设计一个环境,要能激发老年人的活力,提供一种积极的气氛。青蛙设计公司决定为这种新环境设计三个元素,但这些元素都不是专为老年人设计的。

- 床:老年人下床比较困难,因此我们设计了一种可以调节高度的床,这种床结合了有关人体工程学方面的原理,安全而且外形美观雅致。床的倾斜式支架既实用又有装饰作用,此外,罩篷柔和的颜色营造的氛围也十分温馨。

- 电感熨斗:老年人在拿重物上也存在困难。对视力较差、行动不便的人而言,电线也十分危险。因此我们决定设计一种电感式无线熨斗,熨斗上有一个手柄,这个手柄会发出明确的指示,于是使用者就知道该拿哪个部位。熨斗的电源发自熨衣板上的感应线圈,而熨衣板会对熨斗的底板进行加热。

- 旋转电视:这一理念是受1968年德国的一部喜剧电影《爱的幻想》(*Zur Sache Schaetzchen*,英文名为 *Love Illusions*)的启发而得来的。在这部电影中,男主人公将电视倾斜了90°,这样他就可以躺着看电视。我们对这个想法进行了扩展,我们在遥控器上加了一个控制旋转的键,此外,遥控器还可以对声音做出反应。遥控器的按钮是感应器镶嵌在波浪状手柄中的,因此这些键很容易被感觉到。

海伦邀请了很多设计师参与到该项目中,设计师们也认真设计了一些能克服身体不便的工具,但是这些设计看起来都十分像整形外科技术。我们的设计同他们的形成了鲜明的对比,我们的设计不仅色彩鲜艳、愉悦心情而且也十分实用。事实上,我们不是简单地增强功能性,还在技术上进行了创新,因此我们的设计特别受伦敦老年人的欢迎。这是青蛙设计公司所遵从的"形式服从情感"这一指导性原则取得的又一次重大胜利。

↑ 海伦·哈姆林基金会，可旋转遥控器，1986年。摄影：DIETMAR HENNEKA。

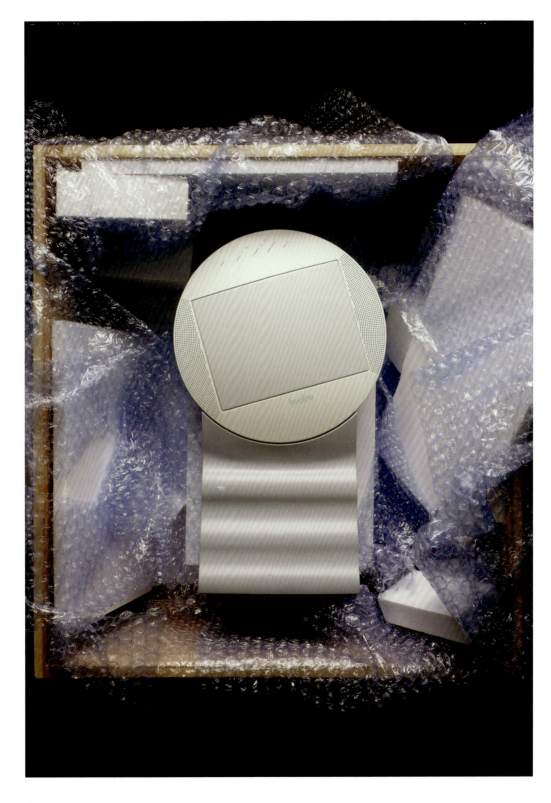

↑ 海伦·哈姆林基金会，可旋转电视，1986 年。摄影：DIETMAR HENNEKA。

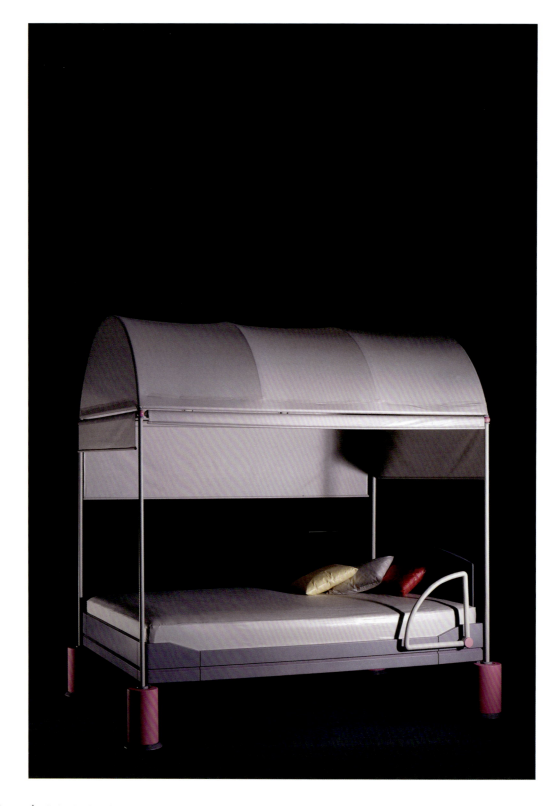

↑ 海伦·哈姆林基金会,人体工程学床,1986 年。摄影:DIETMAR HENNEKA。

↑ 海伦·哈姆林基金会，电感熨斗，1986 年，MILWAUKEE 现代艺术博物馆。摄影：DIETMAR HENNEKA。

雅马哈，青蛙 750 研究设计，1986 年，旧金山现代艺术博物馆。摄影：DIETMAR HENNEKA。

雅马哈公司

> "最大的安全感存在于恐惧中。"
>
> ——威廉·莎士比亚（William Shakespeare）

德国摩托车杂志 MOTORRAD 曾于 1986 年呼吁生产更安全更美观的摩托车。与此同时，美国加利福尼亚州制定了法律，对危险性较高的摩托车加以限制，雅马哈青蛙 750 项目就是受这两项事件启发而创立的（MOTORRAD 杂志主编和加利福尼亚州的立法者都提到雅马哈的 FZ 750 是他们做出决定的主要原因）。我决定参与 MOTORRAD 杂志举办的竞赛。美国雅马哈公司得知我的这一兴趣后，他们表示愿意同我进行合作。

我们以 1：2.5 的比例做了一个泡沫模型（后来这个模型成为 MOTORRAD 的封面），并做了相关研究。之后在雅马哈的帮助下，我们开始进一步设计并根据 FZ 750 制作了一个比例为 1：1 的模型。接下来，我们从日本引进了一台真的 FZ 750，由于气缸盖上没有活塞也没有孔，它是无法开动的，也就符合了加利福尼亚的法律标准。然后我们继续工作。除了建立了一套复古未来主义式的设计语言，我们还结合了其他特征，这些特征是从德国波鸿大学所做的一项安全研究中借鉴来的。这些特征包括在车子侧翻时保护骑车人，座椅和油箱的安全性也更高。因为在美国很多交通事故都是由于汽车闯入自行车道引起的，所以我们还增加了侧边的可视性。我们的设计中有两个车头灯（现在这已成为一个行业标准），轮辋的重量较轻且配有一个碳纤维芯，这样可以减少车轮的重量。这在当时是极具挑战性的提议。

在青蛙设计公司位于德国的工作室里，我们完成了设计工作，然后将设计草图寄给位于日本滨松的雅马哈总部。它们非常喜欢这个设计，但还是决定不投入生产。不过我们得到雅马哈的准许后公布了该设计，结果产生了巨大的全球性的影响。本田公司给了我们很大的赞许，当时本田公司的设计团队将"飓风"的设计作为对青蛙 FZ 750 的致敬。它们甚至还赠给我一辆车作为礼物。

今天，大部分人都可以从迪特马尔·亨内卡（Dietmar Henneka）拍摄的照片中了解青蛙 FZ 750。青蛙设计公司在旧金山有一个展厅，很多年来，青蛙 FZ 750 一直都是展厅的主要展品；后来它得到了更高的认可，被旧金山现代艺术博物馆冠以艺术品的美称。

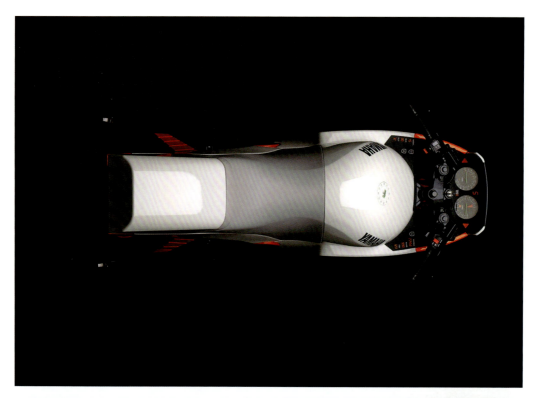

雅马哈,青蛙 750 研究设计,1986 年。摄影:DIETMAR HENNEKA。

↑ 雅马哈，青蛙 750 研究设计，1986 年。摄影：DIETMAR HENNEKA。

奥林巴斯

"你看,我不是什么知识分子,我只是一个拍照片的。"

——赫尔穆特·牛顿(Helmut Newton)

摄影是我的一大兴趣。我学习过摄影,也从我的朋友迪特马尔·亨内卡那里学到了很多有关摄影的知识。一直以来我都很幸运,因为我总能买得起我想要的任何相机。在我对美乐时 35 毫米相机进行重新设计之后,奥林巴斯交给青蛙设计公司一个其梦想中的项目:设计新式数码相机以及科学显微镜。青蛙设计公司说服了奥林巴斯,使其相信该项目的设计基因将根植于日本"简单及性能佳"的原则。

LiOM1

从胶卷到数码技术的过渡使掌上相机得到了很大的改进,人们可以不必使用胶卷,也不必把胶卷从光学透镜后面缠过去。数码摄影技术唯一需要的就是透镜后面的传感器芯片以及操作相机所必需的其他元素。因为人们已经习惯于使用胶片相机,所以我们希望我们设计的相机(将其称为 LiOM1)能给用户带来类似的体验。比如,想想看增加了按钮的汽车方向盘,虽然拥有了新的功能,但它依然是方向盘。

LiOM2

根据研究,我们发现人们都喜欢板状的物品。因此,在设计更加时尚的 LiOM2 时,我们夸大了板状元素和镜头的效果。此外,我们还在相机上加了挂绳,使相机看起来非常像高科技珠宝。看过 LiOM2 的人反应都很强烈,但是奥林巴斯的管理人员没有勇气将之投入生产。在我们公开 LiOM2 后,三星公司也在一片暗藏讥讽的恭维声中推出一套相似的理念,算是另一种赞誉了吧,不过这个抄袭很糟糕。

奥林巴斯显微镜

设计显微镜时,首先你要借助一台显微镜进入"微观世界"。无论把什么放到显微镜镜片下,我都会感叹这个微观世界是多么美好、多么复杂、多么奇特。针对奥林巴斯的显微镜项目我们做了一个用户测试,结果清晰地表明,我们要在显微镜的结构上进行调整以更便于操作。最终,我们将显微镜设计成了垂直的 Y 形,这样更便于操作也增加了稳定性。在后面我们还安装了一个通风系统,因此从灯上散发出来的热气不会对操作人员产生影响。最后,我们又重新审视了整个设计并对实体界面的所有元素都做了改进。该显微镜几乎一上市就立刻取得了成功,设计获得了多个奖项。

奥林巴斯科学显微镜，1988 年。

奥林巴斯 LIOM 数码相机，1988 年。

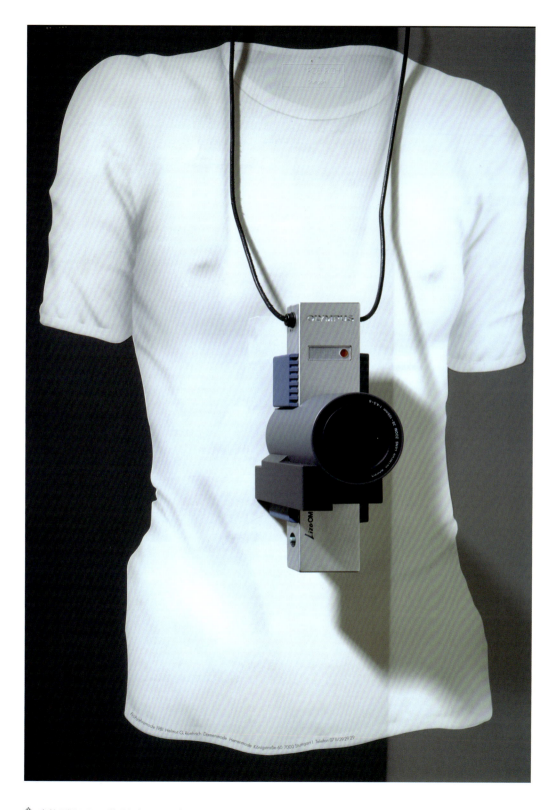

奥林巴斯 LIOM2 数码相机，1988 年。

↑ 汉莎航空,法兰克福机场,登机门,1994 年。

汉莎航空公司

"放飞梦想意味着付出生命去做正确的事。"

——道格·库普兰（Doug Coupland）

在40多年的职业生涯中，我的飞行里程有数百万英里，有时为了开会一个月要出差3次，有时候是从德国穿过北极飞到东京然后再飞回来，有时候是飞到香港。在飞机上我感觉就像在家里，不睡觉或没有读书的时候我喜欢看着窗外。至今我依然怀抱着同伊卡洛斯一样的梦想。由于是在德国长大，我非常喜欢汉莎航空公司，但更多的是喜欢其安全记录而不是设计。客舱的内部看起来像是德国式办公室：枯燥、乏味。1993年我接到了海姆乔·克莱因（Hemjoe Klein）的电话，他是负责汉莎航空客运业务的副总裁。之前他看过一个加利福尼亚制作的电视节目，是关于青蛙设计公司和我的，他认为我们可以帮助他将汉莎航空变得更吸引人。

和克莱因见面后，我们讨论了要改变航空公司的形象需要做什么。汉莎航空不久前刚做了一个决定，即改组法兰克福的1号航站楼以及在慕尼黑和纽约的肯尼迪国际机场租赁新的航站楼，也就是说，汉莎航空将重新创造一种新的机场体验。而且，汉莎航空还从空中客车公司订购了大批飞机，因此我们可以从根本上对内部进行设计。此外，汉莎航空还计划将波音飞机进行整修——尤其是747S型。（有趣的是，当时被汉莎航空淘汰但依然属一流的737S型飞机主要卖给了美国西南航空公司。）因此，青蛙设计公司开始为汉莎航空做设计工作。以下是自1997年以来一直被沿用的主要元素。

- 设计基因：1953年，同盟国（美国、英国以及法国）允许德国建立一个新航空公司，因此汉莎航空公司正式成立。然而，汉莎航空公司真正成立是在1919年。当然，我们必须消除与纳粹时代的任何联系，因此决定将容克JU 52型飞机——纳粹主义出现前德国开发的最后一款飞机——作为设计基因的标识。同福特三星一样，JU 52的机身和机翼的外壳也是用波纹金属制作的，重量较轻但稳定性好（航空动力学已经将波纹金属视为过时的材料，但我们仍十分欣赏波纹金属传达的情感信息）。在人们十分喜爱的JU 52的基础上，我们制定的新设计理念是蜿蜒的曲线、波浪以及机械语意，而不是简洁的流线。

- 机场：乘客和航空公司进行互动的唯一地点就是柜台。虽然我们设计了自助式登记机器，但仍希望汉莎航空的柜台既能提供满意的服务又能在情感上吸引

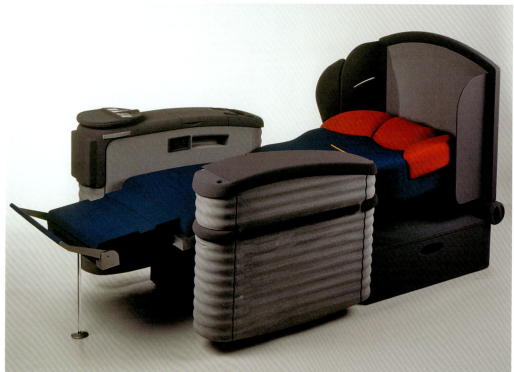

汉莎航空，头等舱睡眠座席，1994 年。

↑ 汉莎航空，法兰克福机场，候机室，1994 年。

乘客。我不想详谈柜台设计的细节，但对员工而言最重要的是乘客在柜台前的位置。为解决这个问题，我们将乘客站立位置的柜台设计成波浪形，柜台是用不锈钢制作的，中间稍向下凹陷，此外柜台上还有一个凸出的"挡板"，挡板上标有品牌形象，该挡板将乘客和员工保持在舒适的距离内。重新设计候机室和休息室是青蛙设计公司的工作中特别有趣的部分。来自纽约的建筑师迈克尔·麦克唐纳（Michael MacDonnel）奉行的是美国装饰派设计元素，他帮助我们将 JU 52 的元素引入内部设计，创造了一个能营造愉快氛围的空间。

- 飞机内舱：飞机的内舱主要包括两大要素，空间和座椅。我们对空间的设计十分有限，因为制作材料是由重量和安全问题决定的，但是在座椅的设计上我们有更大的自由。头等舱座椅是一个特别的挑战，因为我们不得不利用旧式座椅的原理（旧式座椅可以后倾 75°），我们要做的是对旧式座椅进行调整以让靠背和脚踏板可以进行 90° 移动，这样座椅就可以变形成一个水平的床。座椅是曲线型的而且很舒服，我们将扶手和储物空间结合在了一起，这样乘客可以放置个人物品的座椅十分牢固、重量较轻，由波纹塑料制作而成，这让人感觉仿佛乘坐的是 JU 52 型飞机。15 年来乘飞机时我坐的都是这种由青蛙设计公司设计的座椅，但我依然很喜欢。然而，这种座椅很快将被淘汰，新飞机的座椅在设计上将类似于新加坡航空公司或阿联酋航空公司的设计（但是把机舱设计成起居室一样其实不是什么很酷的事情）。

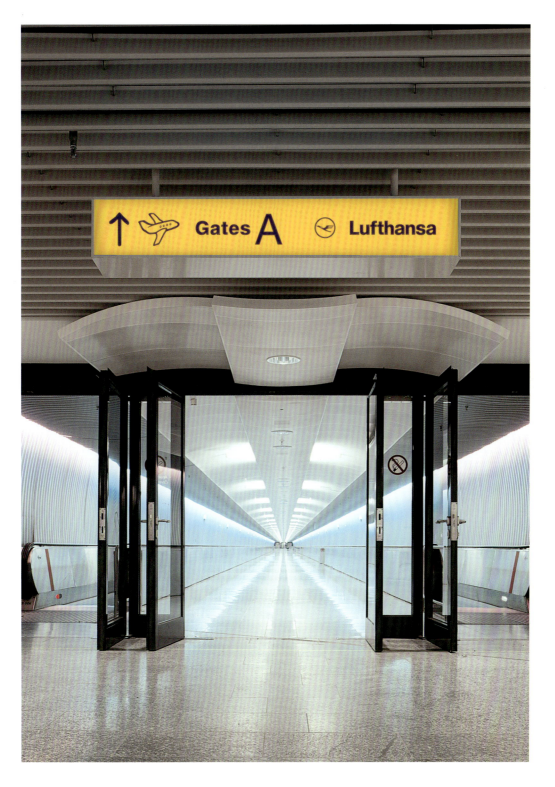

汉莎航空，法兰克福机场，通道和标识，1994 年。

↑ SAP，商标和企业形象，2000 年。

SAP 公司

"从我早期开发商业软件的经历来看,我一直认为设计必须从用户着手。"

——哈索·普拉特纳(Hasso Plattner)

15 年前任何人都不会将伟大的设计同德国的 SAP 软件公司联系起来——该公司是一家在企业软件领域世界领先的公司,该公司又称 ERP(企业资源规划)。SAP 有自己独立的操作系统(ABAP),其 R/3 应用程序包括 50,000 个不同的页面。准备费用报表时,员工共需要查看 8 个不同的页面,页面上提供的数据名称动不动就距离输入框十万八千里。程序的视觉元素则是灰叠着灰。

虽然 20 世纪 90 年代中期公司取得了巨大的成功,但公司的联合创始人兼首席执行官哈索·普拉特纳(Hasso Plattner)却认为公司需要进一步采取重大举措以创建"像人一样工作的软件",而不是"让人像软件那样工作"。软件设计团队主管马蒂亚斯·维林(Matthias Vering)联系了青蛙设计公司,希望我们帮忙重新设计。[2] 在 SAP 位于德国华尔道夫的总部以及青蛙设计公司位于得克萨斯州奥斯汀的办事处开过几次工作会议后,我们任命青蛙设计公司的马克·罗斯顿(Mark Rolston)和科林·科尔(Collin Cole)同 SAP 公司的设计师雷夫·詹森-皮斯托刘斯(Leif Jensen-Pistorius)和皮尔·希尔格斯(Peer Hilgers)共同担任项目的主设计师。设计师们面临的主要问题不是"外观"而是"互动"和"传统"。SAP 的架构一直考虑的是编程上的便利,而非有逻辑的工作流。一开始,R/3 页面上的激活区被锁定,无法移动。因此,我们决定采取两个步骤:首先,可以利用一个图形系统来提高使用性,这个系统可以让用户快速使用页面上的功能。我们还可以设计一个系统以将多个页面(如负责费用报表的页面)并入一个新的页面,这个系统可以调动内存中的所有"旧页面",然后利用其中的信息建立一个新页面。

第一步的效果非常好。曼海姆大学的实验表明:新的平面系统将错误率减少了 73%,而新的 R/3 用户的学习时间减少了 82%。此外,我们还为公司设计了新的企业标识、新式宣传材料以及一个在线设计指南,在公司内部人员和第三方开发人员的帮助下该网站支持并促进了新的应用程序的发展。

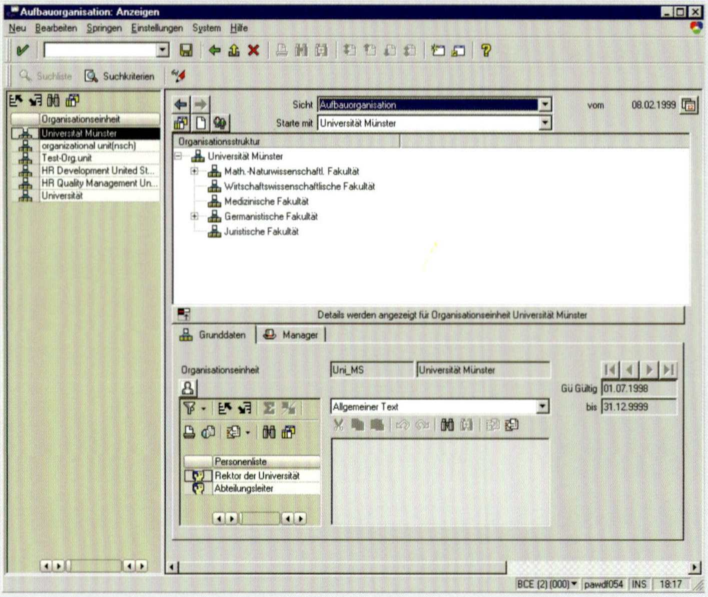

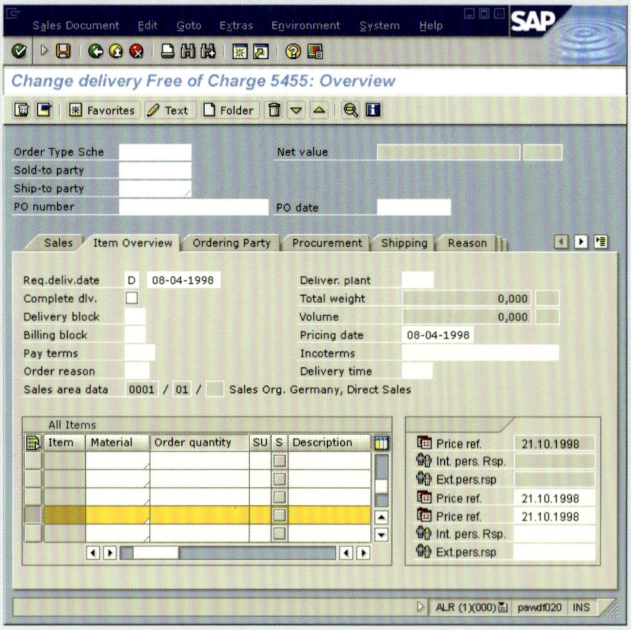

上图：SAP，R/3 软件，旧版，一直使用到 1989 年。下图：SAP，R/3 软件，FROGGED 版，自 1999 年启用。

接下来的一步是在互联网上开发、设计一个门户网站——mySAP.com，将 R/3 的应用程序放到网络上以扩大其功能性、可用性和普遍性。因为 SAP 缺乏管理门户网站的技术，青蛙设计公司物色了一家名为 TopTier 的美国 - 以色列公司。起初该公司是 SAP 的项目合作伙伴，后来被 SAP 公司收购。TopTier 公司的创始人夏嘉曦（Shai Agassi）以首席技术总监的身份加入 SAP 公司，但一年后却离开，因为双方都认识到夏嘉曦不想适应大公司的生活和工作。新产品大大促进了 SAP 公司的发展，并开拓了新的市场。SAP 的内部管理需竭力应对变化带来的挑战，于是哈索要我担任一年的临时首席营销官。在同奥美·马瑟（Ogilvy Mather）合作时，我采用了一种更情绪化的宣传策略："最优秀的人用 SAP"以及"保时捷用 SAP"。一年后，我们聘请了索尼公司的马蒂·霍姆里希（Marty Homlish），他在进一步改变 SAP 接触用户的方式上做出了很好的成绩。[3]

↑ SAP，R/3 软件，FROGGED 版，自 1999 年启用。

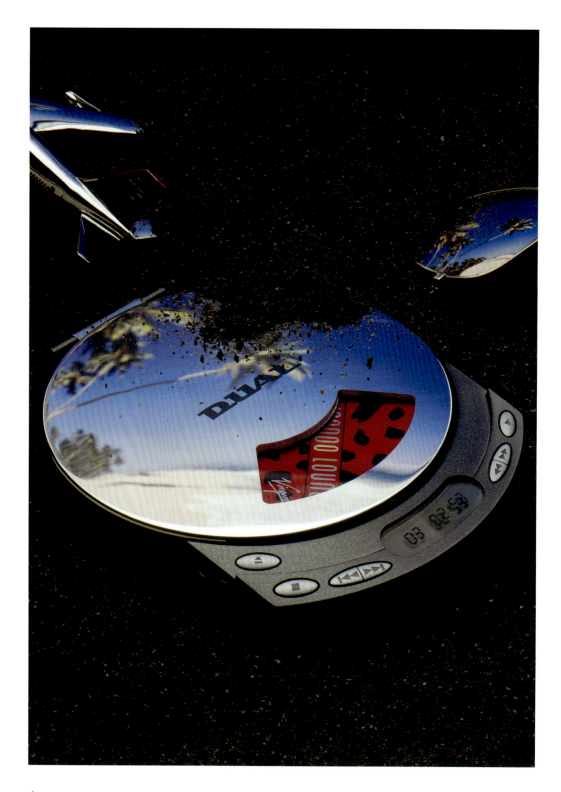

DUAL CD 播放器，1994 年。

Dual

"成功意味着屡败屡战而不丧失热情。"

——温斯顿·丘吉尔（Winston Churchill）

大约在1995年，德国零售大亨卡尔施泰特（Karstadt）公司董事沃尔夫冈·孟伯格（Wolfgang Momberger）邀请青蛙设计公司帮助其重新恢复Dual这个品牌。Dual公司曾是世界领先的黑胶唱机生产商，但在1982年破产，随后该品牌被多次"转让"，最终被卡尔施泰特公司收购。虽然Dual在经济上未取得成功，但其仍具有一定的历史意义，因为该企业曾采取了聚合型解决方案，此外，该企业也曾决定为消费类技术品牌设计全面的用户体验，这是十分罕见的决策。我们所有参与该项目的人都了解好的决策（卡尔施泰特公司决定将Dual发展为专卖店品牌）以及项目管理的重要性。然而，刚开始时，卡尔施泰特公司和青蛙设计公司都过于乐观，这个项目十分复杂，但我们却在没有看清现实的情况下就草率地进入了一个未知的领域。

当时卡尔施泰特公司的领导层仍在考虑"采购"，但他们并不了解产品开发的复杂性。同欧洲和亚洲的ODM进行合作时需要建立一个相互尊重的专业合作伙伴关系，首先彼此将设定目标，然后大家共同朝着目标努力。相比之下，无时不在的价格谈判通常都会对此类项目带来"阻碍"，并破坏重要的合作关系。比如，一家韩国公司安排了一个非常不错的庆祝晚宴，大家互相敬酒，气氛也非常和谐，一切都进展得十分顺利，这时卡尔施泰特公司的一名主管突然说："我们还是得再谈谈价钱。"于是美好的氛围瞬间被打破。卡尔施泰特公司的主管们还根据库存制定了严格的收益计划，他们认为"产品越多，收入越多"，于是生产线不断扩大，但工程技术、加工以及库存融资等方面的发展预算都不符合现实。在青蛙设计公司，设计不是问题，但是在项目的工程技术和后勤安排上，我们却面临很大的压力。为填补这个空白，我们聘请了外部顾问（尤其是硬件工程和软件编程），但这不仅增加了操作难度也使项目更难以控制。从部分程度上而言，结果是既浪费了资金也没有得到有价值的成果。

上图:DUAL 电视,1994 年。下图:DUAL BOOMBOX,1994 年。

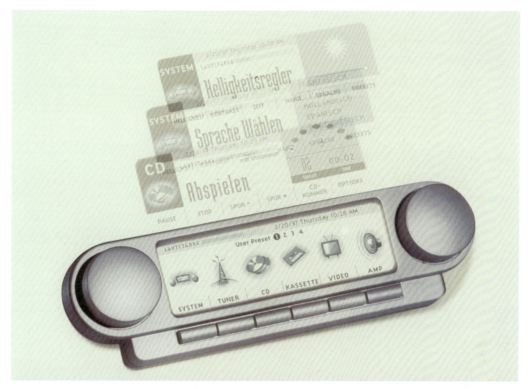

上图:DUAL 可拆卸软件用户界面,1994 年。下图:DUAL 数字音响系统,1994 年。

不过我们仍开发出了某些真正具有突破性的产品，其中最显著的是便携式数码"内置立体声系统"以及世界上第一个用软件来进行操作的"高保真"系统，该系统甚至在苹果公司未推出首个音频设备和视频设备前就展示了什么是"集成"，并界定了其含义。此外，该系统的硬件和软件被集成在一个独立的元件中，这个元件可以插到前置扬声器上也可以拔下来进行远程操控。物理用户操控面板结合了一流的"汽车收音机"理念，安装了两个旋钮和几个按键。数字用户界面上使用了真实的情景图标，因此用户不用参考说明书就能看明白。该项目最大的特点是复古未来主义式的品牌设计、产品以及生态包装，这些特点对其他很多竞争者而言都是创新性的。

若不是没有做好充足的战略准备以及在操作上犯了某些错误，Dual 的高保真系统将取得不错的成果，而公司也可以在此基础上扩大发展。然而，销售额并未增加，因此卡尔施泰特公司于 2004 年将该品牌转让给他人，现在该品牌归慕尼黑的 DGC GmbH 公司所有。在很多情况下，少本可以即是多。

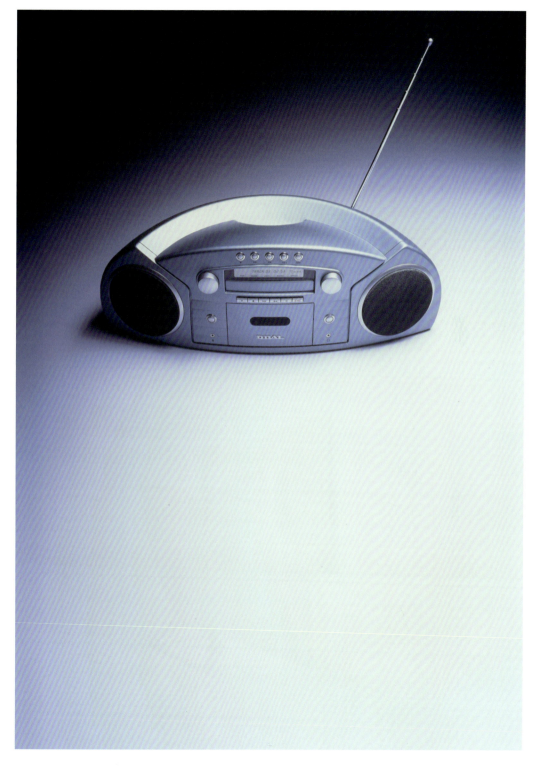

↑ DUAL 最畅销的 BOOMBOX，1995 年。

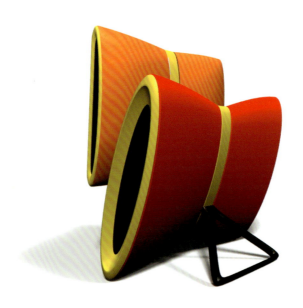

迪士尼电脑研究设计,2003年。

迪士尼

"能梦到的东西，就可以做到。"

——沃尔特·迪士尼（Walt Disney）

自从小时候第一次看到迪士尼的杂志，我就深深地爱上了迪士尼。虽然唐老鸭和米老鼠这些卡通人物十分可爱，但最吸引我的是杂志的中间位置，在这个位置，沃尔特·迪士尼介绍了他对"未来乐园"的幻想。我十分喜欢里面的单轨铁路、自动化厨房以及飞行汽车。我们一家人也很喜欢去阿纳海姆迪士尼乐园——在我的孩子们还小的时候，它还是一个婚姻稳定的证明——我们看了迪士尼电影，也去了迪士尼商店购物。但是我从未把迪士尼同高科技联系在一起，因此 2000 年迪士尼总部给我打来电话时，我感到万分意外。

电话是一位名为西蒙·梅（Simon May）的主管打来的，他负责的是将迪士尼品牌推向邻近的市场。在广泛谈论了婴儿车、服装以及其他婴儿用品后，西蒙表示，迪士尼想开发面向儿童和家庭的电子产品。他们发现任何公司都没有想出一个可以代表迪士尼品牌并可以真正建立一个迪士尼品牌的设计，他正在寻找这样一家授权公司：这个公司要能创建一个"高科技迪士尼设计 DNA"，能同第三方制造商合作进行产品开发，然后将产品推向零售店。虽然梅也曾和其他设计公司（如 Ideo 公司）进行过会谈，但由于青蛙设计公司有着丰富的行业经验，有广泛的工作关系并同很多零售商进行过合作，因此梅决定聘用我们。"迪士尼 CE"团队的负责人是迪士尼消费产品部的执行副总裁哈里·多尔曼（Harry Dolman）、认证总监西蒙·梅以及产品经理鲍勃·培根（Bob Bacon）。由于可以同高层主管进行直接沟通，因此我们可以迅速做出决定。

首先我们同迪士尼想象工程部（世界上最具创造力的团队之一）做了一番讨论，决定由我们青蛙团队和首席设计师克里斯·格林（Chris Green）合作。设计的产品要平衡娱乐和性能的关系，因此我们建立了一套同迪士尼卡通人物相关的设计语言。之后我们前往亚洲，同飞利浦、三星以及松下制造商进行会面。这些公司的管理层都十分喜欢我们的理念，但是我认为在其公司框架内无法保证该项目的顺利开展。之后，我们同百思买、塔吉特零售店以及电路城三大商店的零售商进行了谈话。他们也都非常喜欢我们的理念，但他们提供的价格却十分低，我们无法接受；此外，他们希望获得的利润能高于索尼公司的产品。最后，我们还访问了孩子和家长，他们同样也都十分喜欢我们的理念，但他们坚持认为产品的质量要好，最重要的是要便于使用。得到所有这些信息后，我们回到家开始进行分析和思考。

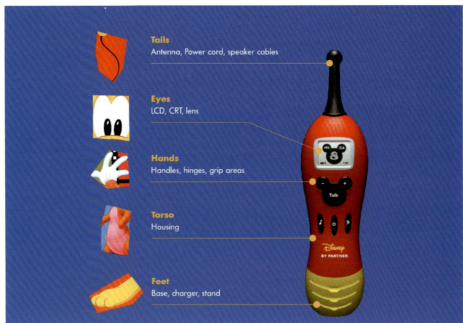

上图：迪士尼人物，2002 年。下图：迪士尼设计语言，2002 年。

↑ 迪士尼设计研究，2003 年。

亚洲有些原始设计制造商同索尼、三星以及飞利浦有着合作关系，我们决定直接同这些制造商展开合作共同开发产品。我们仍需缩减成本，这看起来是可能的，因为考虑到相比于有过多功能的产品，我们的目标消费者（儿童和父母）更喜欢简单的产品。比如，我们淘汰了 CD 播放器的随机播放功能，原因是年轻的用户很厌烦这个功能。因此，同索尼的同类产品相比，我们节省了约 5 美元的材料费。

此外，在财政方面，我们还要考虑迪士尼和青蛙设计公司的版税（平均约为 8%）。版税必须从供应链中产生，因为零售商不愿意让消费者另付 30% 的品牌费。看一看电视机，这个计算就十分简单了：假设零售价是 100 美元，我们设计的产品必须将材料费用控制在 25 美元（而不是 35 美元），我们要给经销合作伙伴（美国的梅莫雷克斯公司以及欧洲的麦迪龙公司）提供 3% 的提成，此外我们还必须考虑营销预算。制定基准之后，我们就不断在零售商、工厂以及迪士尼之间穿梭。迪士尼将制作包装材料和宣传材料。

最后我们取得了成功。产品一上市就取得了成功，并在第二年为公司带来了 2 亿多美元的收入，这超出了我们的预期。随着企业模式的确立，迪士尼决定成立一个新的迪士尼消费类产品部门，部门负责人是我最欣赏的前青蛙设计公司的员工——技术与创新部副部长克里斯·希瑟利（Chris Heatherly）。

↑ 迪士尼儿童电脑，2004 年。

夏普公司

"你一定要比创新人员更具创新精神。"

——加里·哈默尔（Gary Hamel）

你要如何同苹果公司的 iPhone 进行竞争呢？你不要和它竞争！在同夏普公司进行合作时，青蛙设计公司以自己的方式实现了满足用户需求这一目标。谷歌智能手机的安卓操作系统十分复杂，由此来看青蛙设计公司的设计特别有挑战性。青蛙设计公司的目标是设计一种新的移动用户体验模式——简单且便于管理和使用的"Feel_UX"。其他同谷歌相关的制造商一直以来都是通过在平台上增加一个视觉层来"定制"安卓，但青蛙团队同它们不一样。青蛙团队做的设计绝不仅是"表面文章"，它们认真详尽地收集各种体验，设计出让初用者易于上手的新设备。此外，青蛙团队还将定制服务多样化，大大提升了用户对产品的喜爱程度。升级后的产品便于使用，采用的是智能化操作而且十分个性化。比如，锁屏概念，它一直以来是为了保护个人数据而存在的，但经过重新设计后它就成了用户快速取得一些数据的途径，可以打开他们最珍贵的东西，如照片、音乐或股票报价。青蛙团队还对真实使用场景进行分析，不以"便于编程"为目标：点击次数越少就越好。

保罗·普（Paul Pugh）是青蛙设计公司软件创新副总裁，他认为"进入商店，你会发现很难区分安卓不同的款式——所有款式和交互看起来都是一样的。创造独特的屏幕体验是给人留下良好第一印象的关键。"另一个创新性的特性包括天气变化的动态体验：随着气象云图的改变，天气信息也随之动态地改变，这给用户带来实时的视觉资讯。启动界面被升级成精简的主页，让用户可以轻松地管理应用程序、小工具和快捷键。安卓手机的外观往往有一种生硬的科技感，对那些乐于尝鲜的用户和技术人员比较有吸引力。青蛙团队设计的产品不同于这类手机，我们采用了鲜艳的色彩，从视觉和触觉上都给人一种更加柔和、更易使用的感觉，以迎合广大用户的需求。Feel_UX 这种全新的极简视觉设计打破了传统的束缚，可以说是对整个安卓用户体验的自上而下式的重新思考：针对用户通常会看到的一个桌面风格的屏幕，上面有工具和应用图标，Feel_UX 总是会有更深入的研究；对于手机中最常用、最有用的一些功能来说，单独列出一个应用列表是一种不必要的阻碍。研究表明，大部分用户并不真正了解小工具（小应用程序）和快捷键是什么。在 Feel_UX 中，这些小工具有它们的专用区域，可以方便地放置在页面的任何位置，这种无穷增长的观念让用户不需要为了找到一个位置安放某个新应用程序的图标而去重新整理主屏。保罗·普再次表示，"我们认为，同其他竞争对手的手机相比，小工具的设计是安卓更独特的特性之一。因此，我们想给它们一个专门的空间来强调其独特性。我们认为我们已经充分发挥了安卓的潜能，也促进了安卓的发展。"简单是日本人理想的标准，Feel_UX 的目标是吸引尽可能多的消费者，其中包括刚刚从普通手机改用智能手机的用户。然而这并不是说公司将仅限于在初级手机上安装 Feel_UX，目前夏普有辐射传感器的 Pantone 5 以及高档的 Aquos（Docomo 的 Zeta、AU 的 Serie 以及 SoftBank 的 Xx）等 7 款手机上都安装了这一系统。

除了取得实质性成果并快速获得成功外，该项目还展示出青蛙设计公司在全球范围的团队合作能力。该项目由马克·罗尔斯顿（Mark Rolston）和科林·科尔（Collin Cole）主导，自 1996 年以来二人一直都是青蛙设计公司的原创数码设计负责人。夏普公司位于日本广岛，主导设计团队位于得克萨斯州的奥斯汀，此外，印度班加罗尔市以及乌克兰基辅市的数码设计团队也为其提供支持。这促使青蛙设计公司和夏普公司在极短的时间内创造出了大量极佳的概念、细节性设计、产品资产、动作研究和设计定义——从第一套概念的形成到产品生产出来只用了 9 个月，这是创纪录的。青蛙公司的垂直结构管理模式确保了设计的精准，让整个工程可以极其精确地推进。

↑ 夏普 FEEL_UX，2012 年。

Eldorado.

青蛙广告：PETER VOIGT，贵翔 3020。

青蛙设计公司的推广活动

"不要触击，不要只关注球场，而是要关注公司的长久发展。"

——大卫·奥格威（David Ogilvy）

纵观青蛙设计公司取得的成绩，人们还必会提及我们大胆的推广活动。这些活动不仅改变了创意设计机构的交流方式，而且也对设计师和公司起到一定的激励作用。青蛙设计公司在当时还是一个小公司，但公司却投资数十万美元做推广，这个举动的确有点疯狂，但是此次的广告宣传改变了局势：青蛙设计公司的设计得到了全世界的认可，其他设计公司也被迫效仿我们的模式，此外，我们还吸引了很多成功的公司以及优秀的人才。除此之外，该宣传活动还激励我们为实现这一目标而努力：不遗余力地开发最尖端的产品。那么，为什么要这么做呢？这个活动是如何开始的呢？

1969年我刚创办公司之际，设计师是不会去做企业家的。即使是优秀的设计师也要么是受聘于公司（如博朗公司的迪特·拉姆斯），要么只是拥有较小的工作室（如米兰的马里奥·贝利尼或乔·科伦坡）。在美国，"设计"已不再是"产品差异化"的标准，甚至像亨利·德莱弗斯（Henry Dreyfuss）设计公司这样的大公司也被迫遵循美国商业的准则，也就是说，他们的产品很好但不能给人耳目一新的感觉。德国明星设计师路易吉·克拉尼（Luigi Colani）设计的概念非常棒，有时候甚至会引起争议，他很善于推销自己，但他却未能凭借自己的名声创立一个稳固的设计公司。通常情况下，设计公司的员工一般是5~15人，但由于自我价值观不同，这些人最终会分裂。要想建立一个突破这种模式的设计公司，重要的是品牌创造而不是单靠某些个人的影响力。迪特尔·莫特设计的贵翔推广活动给了人们很大的鼓励：虽然贵翔曾是最不起眼的竞争对手，但却一度掀起狂潮，竞争力也大大提升。说实话，我一直都梦想能创立一家全球性的设计公司。在同贵翔、索尼、汉斯格雅、卡瓦以及路易威登等一流公司在合作上取得一些不错的效果后，我决定开始为建立一个全球性的设计公司做准备工作（我知道这听起来有点疯狂，实际上的确疯狂……）。我们的起步十分缓慢，我们的第一个广告是放在德国《形式》（form）杂志的封底，效果不是很好。我们想展示的内容太多，摄影效果十分一般，而且广告信息也不明确。于是我决定打破逻辑，采用我的客户的行事风格：只有最好！由于设计包含非常强的视觉因素，于是我邀请了世界上最优秀的摄影师负责拍摄并让他们对作品进行"解码"，这样人们就可以明白其传达的理念。当然，这个想法有点疯狂,因为当时的青蛙设计公司只是德国黑森林一个只有 5 名员工的小企业。但是我们能带来很高的利润,所以我认为这是最佳的决策。虽然刚起步时经历了一些波折,但我想这样可以争取到某些真正的大师。我的想法是给予他们充分的自由解读的空间,并满足他们提出的高薪要求——以今天的标准来看,拍摄一张照片的费用可以达到 80,000 美元——因此像赫尔穆特·牛顿、迪特马尔·亨内卡、汉斯·汉森(Hans Hansen)以及维克多·葛伊科(Victor Goico)等明星不断创造神奇的视觉效果。我还通过 Swiss Urs Schwertzmann 签到了一名世界级广告设计师。至于广告位,我只选择封底,这个位置的费用是内页的几倍,而且我签的合同都是长期性的,这让我有优先续签的权利。几年后青蛙设计公司在美国设立了工作室,当时公司几乎包揽了所有优秀杂志的封底:德国的《形式》和《设计报告》(*Design Report*)杂志、英国的《设计》(*Design*)杂志、美国的《ID》杂志(*ID*)、澳大利亚的《设计》(*Design*)杂志以及日本的《*AXIS*》杂志。始终如一也是十分重要的因素——20 年来广告的设计一直未发生改变,最后世界级摄影师也想同青蛙设计公司进行合作。因此,青蛙设计公司吸引了最优秀的人才以及最出色的客户,此外,我们还为青蛙设计公司树立起了全球领先的形象。不错,我们的确投入了大笔资金,但是回报也是可观的:如果不是这次广告活动,青蛙设计公司也不会在这个前互联网时代创造出如此巨大的品牌价值并确立自己的主导性地位。

The American Dream.

↑ 青蛙广告：HELMUT NEWTON，唯宝。

PAUL MONTGOMERY 数码相机，小青蛙，1988 年。

小青蛙

> "古池塘
> 　　　青蛙跳入：
> 　扑通！"
>
> ——松尾芭蕉

对年轻设计师进行培训和指导是青蛙设计公司的头等大事，首先公司会直接从学校聘请毕业生。通常情况下，一般公司以及对手公司聘用员工都要求"具有 5 年的专业经验"。因此对于很多有名的设计师，青蛙设计公司是其职业生涯的第一站，比如，罗斯·洛夫格罗夫（Ross Lovegrove）、史蒂芬·皮尔特（Stephen Peart）、赫比·费弗（Herbie Pfeiffer）、fuse project 的伊夫·贝哈尔（Yves Behar）、凤凰设计的安德烈斯·豪格（Andreas Haug）和汤姆·舍恩赫尔（Tom Schoenherr）、通用汽车公司的设计负责人殷福瑞（Friedhelm Engler）、慕尼黑技术大学的弗里茨·弗伦克勒（Fritz Frenkler）教授、Schwaebisch Gmuend 设计学院的西格玛·威尔瑙尔（Sigmar Willnauer）以及费城艺术大学的安东尼·圭多（Anthony Guido）副教授。

所以我们于 1984 年开始的"小青蛙"项目是很自然的事：每年我们会邀请美国和欧洲的两所设计学校来讲学，然后通过工作访问、研讨会以及工作坊来支持教员们的工作。项目的主题由学校决定，在学期末我们会从每所学校各选出三名获胜者，并在封底为他们做宣传。此外，青蛙设计公司还为一等奖获得者设计广告，并出资在德国的《形式》杂志以及美国的 ID 杂志上刊登。由于工作成绩突出，我们还在世界各地广受欢迎的多家杂志和报纸中建立了积极的公关合作。有些获胜者被青蛙设计公司所聘用（如保罗·蒙哥马利和丹·斯特加斯），还有些人将促进自身职业的发展，如托马斯·布莱（Thomas Bley）后来成为青蛙设计公司的总经理，格兰特·拉尔森（Grant Larsen）成为保时捷 Boxster 跑车的主要设计师。

然而，十多年后，"小青蛙"却遇到了一个意想不到的问题：设计学校的数量有限，而随着全球网络的出现，学生要提升自己还要通过其他方式。然而，青蛙设计公司的创意领导层仍然通过访问设计学院或大学、做客座讲座、开工作坊等方式继续培养年轻人才，而且在未来他们依然会继续这样做。

1　保罗·哈姆林基金会是以海伦的丈夫的名字命名的。他是企鹅出版社的出版人，于 2001 年逝世。今天，该基金会的中心是为年轻人和弱势群体服务。

2　1996 年，青蛙公司收购了得克萨斯州奥斯汀市的虚拟工作室，该公司也因此打入数字设计领域。两大竞争伙伴——马尔·罗尔斯顿和科林·科尔——是青蛙公司的全球领导团队的成员。微软公司是我们的第一个"数字"客户，青蛙公司帮助微软公司开发出了 Windows XP 用户界面，SAP 战略的 R/3 是我们的第一个战略软件用户界面项目。同 SAP 的合作促使青蛙公司快速投入到集成设计领域，而青蛙公司也成为这一领域的全球领军力量。

3　马蒂·霍姆里希自 2011 年 4 月起就在惠普担任执行副总裁兼首席营销官。

6 培养明天的设计师

"领袖不是天生的，而是后天培养的。"
——沃伦·本尼斯（Warren G. Bennis，四任美国总统顾问）

要想改变世界，首先要改变世人。改变自己虽然困难，但仍属可行。然而改变他人几乎是不可能的——除非他们年轻、有才华并有积极进取的精神。为充分利用或曰释放人们的创新潜能，我一直满怀热情地投身教育，培养年轻的创意人才，使之在设计和商业领域成为富有能力和责任感的领袖。

1989 年到 1994 年间，我有了第一段教学经历。当时我的德国老家的州长邀请我担任德国卡尔斯鲁厄艺术设计大学的十大创始教授，该学院与卡尔斯鲁厄艺术媒体中心（ZKM）有合作关系。在海因里希·克茨的领导下，ZKM 成了世界上第一家收藏数字艺术和媒体装置艺术的博物馆。我希望学生们在设计时能够汇入"融合"的概念，教他们设计同时具备实体与虚拟特质的产品。此外，我还想重新定义包豪斯以及当时非常进步的乌尔姆设计学院的理念和方法，令它们能够适应数字时代。

卡尔斯鲁厄艺术设计大学是一所新建的学校，因此我的班级中的人数很少，而且一直没有扩大规模。我认为精英教育需要教师密切关注学生的学习并给予严格的指导。这个班十分成功，我们为某综合数字媒体空间设计的几套数字界面获得了多项国际大奖。不久，这些摩拳擦掌准备改变世界的学生纷纷在各自的事业中大展拳脚，有的成了大公司设计部门的主管，有的自己开设了设计工作室，他们都可谓是设计界的领袖。

我的维也纳的学生，2011 年。摄影：由他们自己拍摄。

这次教学对我也是一种学习。我了解到要教学生在类似青蛙这样的设计公司里为专业客户进行设计，需要开发他们的社交能力，让他们学会与不同背景、不同专业和不同兴趣的人打交道。此外，设计业在未来要利用目前尚不存在的科学知识与技术，学生也必须为此做好准备。

从这第一次教学中我得到很多经验，慢慢发展出有关设计教育的新理念。在随后的工作中，我也不断探索、研究着设计教育的内涵。本章我将介绍自己在这方面的经验，我的教育方式如何形成，以及如何依靠教育令新一代设计领袖——创新的设计师们、创业者们，以及懂得商业规律的合作者们——得以营造更加美好的、可持续的未来。我相信这不但是我们的专长，也是我们的使命。

回首过去，展望未来

随着科技发展的速度日益加快，学生需要知道如何通过分析历史以把握未来趋势。为预测未来五年的进展并了解其脉络，学生在我的指导下对过去二三十年的行业发展进行研究。无论采用什么样的工作方法，设计系的学生都必须了解历史，方能在此时此刻对未来进行想象、模拟与设计。这一原则不仅适用于科学技术，对于社会趋势——尤其是生态的可持续性——亦是如此。

在维也纳开设大师班

我的第二段教学生涯始于 2005 年，当时罗斯·洛夫格罗夫（我在青蛙公司最早的同事）是维也纳应用艺术大学集成工业系大师班的教授。他的课程重点是仿生设计和生态设计，但由于没有得到足够的支持，他感到很沮丧，一学期后就辞职了，于是大学邀请我任客座教授。后来他们又问我是否能担任长期教职，这带来了一些独特的挑战。这所学校的设计系在国际上并不出名，大师班的内部状况也十分混乱。当时并没有学生，工作室里到处都是垃圾和破旧不堪的设备。其他住在维也纳的教授几乎不来学校，茫然的助教们独力难支。此外，虽然奥地利公民缴纳的税款可以为每个学生提供约 3 万美元的费用，但设计课程所需要的技术方面的经费（例如模型制作）基本还是没有着落。整个环境可以说是一场噩梦。

面对这些挑战我并没有气馁。当时我正准备渐渐淡出青蛙公司的日常运营工作，这

⋯ AEG 移动电话，1984 年。摄影：DIETMAR HENNEKA。

个新的教职是绝好的机会。我或许可以证明，只要保持头脑开放并接受严谨的教育，任何有创意的人都可以取得成功。由于我住在美国加州，而每学期必须上四次、每次为期两周的课程。所以，要完成这个艰巨的任务需要在师生之间建立一种新的数字化交流模式。经家人同意后，我和斯特凡·兹内尔、尼古拉斯·西普、马蒂娜·菲内德尔、马蒂亚斯·费弗等人组成的助教团队（稍后还有彼得·克诺布洛赫）进行了仔细的讨论后，便开始着手进行改革。

我们的使命是：整合性、社会性以及可持续性设计

我们做的第一件事是明确使命。设计起源于艺术和工艺，现在在奥地利以及其他很多地方，设计（即设计领域和设计概念）仍与艺术和工艺有着深刻的联系。木匠可以担任室内设计师，裁缝可以是时装设计师，排字工人可以是平面设计师，而金属制作工人或银匠可以是工业设计师。因此，在我们的使命宣言中，我们需要改进教育方式，使学生在今天的设计行业可以出类拔萃，此外，我们还要培养他们改变设计在未来的命运的能力。也就是说，我们要教授整合性战略设计——无论该设计带来怎样的现实效果或虚拟效果。为给这种教学模式打下良好的基础，我们制定了下列宣言：

"战略设计面临的整体性挑战是保证开发出来的实体产品和虚拟产品既要性能好、设计巧妙又能鼓舞人心，此外，还要尽可能减少零部件的数量。现代化的设计将'技术'功能性转化为历史性和形而上学的象征主义。当设计师设计出更好的新物品、新机制、新软件应用程序甚至是更激励人心的体验时，这个新产品本身将成为一种品牌的象征，其特征是有意义的创新、高档的质量以及优秀的道德原则。人们会将设计师创造出来的视觉符号视为人性化技术在文化上的表现，并会下意识地将之同从历史上传承下来的图形和模式联系起来。设计不能仅仅体现时尚潮流，同时也应促进产业文化的进步，它促使我们在可持续性发展方面不断进行创新、增强了我们的文化认同感和凝聚力，也给我们带来一种情感归属感和社会归属感。

"设计师肩负着社会责任，他们有责任将人们的需求同科学、技术以及商业中存在的新机遇相结合并要妥善协调它们之间的关系，因而他们设计的产品就会具备一定的文化价值、能带来丰厚的利润并能保持生态的可持续发展。全球化进程的不断加快既带来了巨大的挑战也带来了新的机遇，这就要求设计师既要有天赋又要具备识别和影响新趋势的能力。设计师必须运用自己的技能来处理外包业务带来的种种复杂的问题，此外，要利用自身的技能扭转当前过度生产大量平淡无奇的、难于使用的产品的局面。设计师

⇧ ZENITH 数据系统笔记本电脑，1994 年。摄影：DIETMAR HENNEKA。

还要帮助当地文化和部落文化将传统习俗转化为有益的新概念,以建立一套全新的'家包'理念。要想在注重理性的商界成为受人敬仰的高素质执行伙伴,设计师本人必须成为创意企业家及创意主管。最终,设计的标准一定要高于所有商业功能基准,并以追求近乎永恒的文化价值和精神性作为目标。"

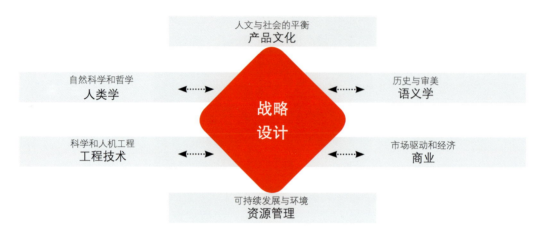

相邻学科以及战略设计的影响

成立小组,确定课题和教学过程

设计是一项"团队活动",任何人都无法独立解决复杂的问题。同理,设计师也必须同其他领域的专业人士进行合作。因此,我们决定让学生以小组形式进行学习(学位项目除外),每个小组的人数是3~4人。每个小组均由一名大四学生担任组长,此外,每个小组至少要有一名大一新生。这一安排促进了小组间的想法的多元性,也防止个人意识的倾向性对项目发展造成破坏。每学期期末我们都会给学生布置下学期的课题,这样他们就可以提前做好准备以便提出有意义的建议,建议的最低标准是整合性、社会性和可持续性。学期课题通常会涉及一个社会问题和一个生态问题,如"安全整洁的个人空间"、"人类使用的工具"、"我们的蓝方舟"或简单的"绿色"。学期伊始,每个学生都要做一个简短的口头展示,然后我们会以半民主的方式选出前12名(然后将学生分成12个组,每组分配一个项目)。小组一建立,学生的任务也就开始了。这为新学期设定了一个高起点,对师生都起到一定的激励作用。

为同商业规划、工程设计以及市场营销的过程保持一致,我们将每学期分为3个阶段,每个阶段历时4周。

- 探索阶段：任何设计过程都必须始于探索，并以人类行为、社会趋势、市场需求以及新兴的科学技术机遇为重点。在探索阶段，学生可以深刻地了解他们正在设计的领域，也会明白他们所进行的设计能满足用户哪方面的需求。在本阶段末，各小组要记录下他们的发现并在班上进行展示。这提升了他们的演讲技巧，引发学生进行更深层的讨论，同时也促进了相互之间的学习。

- 设计阶段：这一阶段是概念构建以及确立审美观的阶段，下述简介是该阶段的根本。在这一阶段，学生要构思出新的想法和概念，以探索所有可行的方案。除了绘图外，学生还要制作概念模型，并设定用户使用场景。在本阶段末，各小组要向全班展示2~4个理念。经讨论后，每个小组选出各自的"获奖理念"。

- 定义阶段：这是最后一个阶段。在这个阶段，学生通过制作各种模型以及借助计算机辅助设计制作的效果图来改进他们挑选出来的设计概念。即使在早期的教学期间，我也是希望学生能制作出专业级的模型；当时我们的专业模型是用学生通过与公司合作举办工作坊所挣的钱购买的（稍后会讲到这些工作坊项目），此外，工作坊的收入也为我们添置了一些必备的设备（如3D打印机）。这一阶段产出的成果是适合投入商业市场的新颖设计。最后，学生要采用各种媒体形式（如绘图、效果图、模型、数字动画以及原型等）对设计进行存档和展示。

我认识到现代商业和工业是全球性的，而设计也是一个全球联网的职业，于是我把在青蛙设计公司学到的东西应用到教学当中。如果我不在维也纳，学生就需要把他们每周的进度报告上传到一个安全的共享网站上，在维也纳时间周一的早上，我就会把意见反馈给助教们，之后他们会把这些意见传达给整个班级。学生如果有问题可以给我发电子邮件，而无论我在哪里都会及时给予回复。之后，我还会再致电跟进我回复的邮件。我认为，沟通能力是在设计领域取得成功的关键，因此沟通过程对学生来说也是重要的锻炼。经过一个缓慢的开始，这个过程最终会创建出一台"完美机器"。

在现实体验中教学

在当时他们的学术教育模式下，我希望我们设计专业的学生能拥有到优秀企业去实际实习的机会。我的目标是给予学生第一手的真实经验，并给学生制造机会，让他们能够建立重要的个人关系，得到带薪实习的机会或第一份工作，甚至创立自己的设计公司。我向相关公司表示我们可以为它们举办工作坊，但公司要为我们捐赠约45,000美元的基金。我还明确表示我们这个班不是"设计工作室"，但是我们的学术目标却有至关重要的意义。伟创力、德律风根、XXX乐之、倍科以及T-Mobile等公司接受了我们的条件，之后这些公司证实车间的工作流程还促使它们重新审视自身的设计方式。所有人都认为这一活动具有重大的价值。

无论在任何公司，学生的任务都是：启发与之合作的高管，展示市场新潜力以及采取适当的措施将想法和理念转化为具有说服力的建议以宣传新的整合性产品、服务和内容。每个工作坊和学校的学期项目是同步进行的。车间的核心项目是一个为期3天的探讨"构思过程"——即我们在青蛙设计公司建立的"青蛙思考"活动——的会议，会议的形式可以根据情况进行调整。学生分成6组（该分组不同于学期小组）进行工作，经过探讨构思过程的3大阶段——联想、方法以及激发——主题由开始的一段陈述来决定，随着各个阶段的展开，这一主题会越来越重要。

各小组每天要工作6个小时，之后将其成果展示给主管和班上的同学。每个小组都会挑选出本组最好的3个想法，于是3天后我们会从每个小组得到9个想法，总计54个。接下来，我们会同主管进行讨论，并挑选出3~6个从整体而言最好的想法。到学期末，学生会将其想法以专业形式展示出来，我们也会同公司就此进行反复交流。当公司决定将哪个想法付诸实施后，我们会帮其推荐一个专业工作室，有时公司也会聘任从我们班上毕业的校友。

放眼看世界对设计师具有至关重要的意义。我认为，每个设计专业的学生都应去拜访三大创意及设计中心：日本、荷兰以及加利福尼亚。由于学生工作室的收入足以支付大部分机票和住宿费，所以我们可以到这些地方去拜访某些关键性的人物和公司——通常情况下学生是接触不到这些人物和公司的。在日本，我们拜访了GK设计公司的荣久庵宪司（Kenji Ekuan）、东京造型大学的益田文和（Fumi Matsuda）、《轴杂志》的石桥胜利（Katsutoshi Ishibashi），参观了丰田高级设计工作室、松下公司、多摩艺术大学、京都漫画博物馆、东京精华大学以及雅马哈公司。在荷兰，我们见到了飞利浦公司的斯特凡诺·马扎诺，也去了埃因霍温和代尔夫特技术大学。

在加利福尼亚，我们拜访了许多顶尖设计师，如苹果公司的乔尼·艾夫和里科·佐肯多夫尔、Whipsaw公司的丹·哈登，也参观了很多一流设计工作室，如旧金山CCA、斯坦福设计学校、卡内基梅隆大学、帕萨迪纳艺术中心学院、青蛙公司、Ideo公司、山景城计算机博物馆、谷歌、Specialized公司、迪士尼想象工程部、宝马设计工作室以及圣莫妮卡的奥迪高级工作室。我们还有机会参观了企业的孵化器——位于旧金山的Mind The Bridge，它帮助欧洲创业者到硅谷来。这些实地考察既是对刻苦学习的学生们的奖励又对他们起到进一步的激励作用。更重要的是，这可以让学生们一览他们所向往的全球顶级设计的现状。

要求学生承诺以追求卓越为目标

就设计专业而言，当我刚加入维也纳应用艺术大学时，它的设计专业并不是一流的，我知道必须改变——就从我的课程开始。为实现目标，我们从入学考试就开始做准备：申请上我的课的学生要参加一个为期三天的入学考试，考试要求是让他们快速完成一个项目；此外，我还会向他们讲解设计行业的现状，这样每个即将进入我的课堂的学生就会做好充分的准备以迎接眼前的工作和职业。必要时，我还会引导他们利用自己的个人经历来发挥设计潜能，有时我会让他们以书面形式来承诺自己会在整个课程中竭尽所能。

在我看来，我们这些教育前辈有责任培养下一代创意领袖，因此我们的责任不仅仅是授课。追求卓越的另一个重要元素是纪律，或者用我的话说是"一定要表现出来"。设计领袖不可以放弃，此外，为世界各地数以百万计的人设计产品时设计师会肩负起很多责任，学生必须承担起这些责任。我的妻子帕特丽夏认为，要在设计上取得成功需符合下列公式：想法占1%，过程和纪律占90%，运气占9%。点燃创意火花的肯定是想法，但是创意火花的燃料却是完美的操作。若这些方面存在缺陷，这时候更多的就要依靠运气，但运气却可能转瞬即逝。因此，我为班上制定了较高的标准，要求学生要时刻严守纪律并要培养职业习惯。

为提高大师班的名声，我要求学生参加设计竞赛。我还把他们的作品展示给我周围的同行看，给学生争取实习和工作机会。为提高班级的能力，我们都付出了很大的努力，于是我们开始慢慢走向成功。大约四年后，班级达到了令人满意的水平，各种奖项纷至沓来：全球伊莱克斯竞赛一等奖、多个奥地利国家设计奖（Staatspreise），并在德国和日本举办的多个竞赛中获得多个奖项。此外，我的学生们还得到多家关注创意的网站的青睐，如 Boing Boing、Gizmodo、C.Net 以及 Core77。最后，美国杂志《彭博商业周刊》将我的大师班列为世界30大设计精英教育项目之一。同样重要的是，我们班还得到了奥迪等世界一流公司的认可，奥迪公司还为班上捐献了一笔经费以研究"维也纳年轻家庭的流动性"，并做出设计提案。

从我班上毕业的学生目前受聘于全球各地的世界级公司和设计机构。此外，我想要指出的是：我的学生——以及我的助教们——是在一种平庸的甚至敌意的环境中取得成功的。阿尔伯特·爱因斯坦曾说过，"伟大的思想总是遭到庸人的残酷迫害。"因为我们班受到如此广泛的好评（如奥地利总统菲舍尔在年度学位展上展示的学生作品前足足驻足观赏了十分钟），我们也招来了他人的嫉妒。每学期期末针对毕业生召开的评审大会，就是一场无能、嫉妒和个人恩怨的丑陋表演。有些同行教授意图给我的学生打低分作为惩罚，他们用这种方法表达对我的敌意。有一次，我提交了学生做的一个项目，这个项目曾获得全国设计竞赛的大奖，但一名教授之前却向全国设计竞赛表达了对该项目的批评态度。

不过这个班带来的好消息还是比坏消息多。维也纳应用艺术大学附近有一家博物馆——艺术博物馆，在其新上任的馆长克里斯托夫·图恩-霍恩斯坦（Christoph Thun-Hohenstein）的提议下，我帮助策划了一个主题为 MADE4YOU 的展览。该展览的一个展区展示的是我的学生设计的优秀作品，该展区的主题是"未来实验室"；该活动无疑将记录下学生们的才智，也会激励大家为在整个设计界取得更卓越的成绩而努力——这也是本书的目标。我的某些学生即将成为真正的领军人物，对此我既充满信心也深表感激。

继续前行：德稻战略设计大师班

在维也纳的教学生涯即将结束之际，中国北京德稻大师学院同我进行了洽谈。当时该学院正在设计领域、建筑领域以及电影领域物色创意领袖，以在中国培养新型创意精英。

在我们的讨论不断展开的过程中，国内也给我提供了一些机会，我的很多在硅谷工作的朋友对我去中国任教是否可行表示怀疑。但是，据我观察，美国绝不是设计师（或教育人员）的"天堂"。美国大部分主管所追求的都是金钱，一旦商业模式和工业模式有向着人性化方向发展的倾向，大部分政界人士就会借助愚蠢的党派关系或争取再次当选来扼制其发展。我们国家的选民十分激进，他们没有认识到当前的财政危机和经济危机也是道德危机。我们忽视了一个十分重要的问题——满足我国对石油的强烈渴求，这给敌视我国的国家带去了财富，但我们呼吸的空气却遭到了污染；此外，我国的很多制造产业也不断转移到亚洲。当谈及教育时，所有当选的政界人士所想到的都是缩减经费，尽管华尔街的人拿着荒唐的高额奖金，而且数十亿的资金也浪费在本不应该发动的战争上。所以，至少可以这样说：无论是在职业生涯还是教育生涯，所有人都不重视战略设计。

在考虑过所有这些因素后，在妻子和家人的支持下，我决定接受挑战。今天，我的工作是培养中国的创意设计师和领袖，他们将促使设计成为推动中国发展的基础，也将构想出新的方法以求从更少的付出中取得更大的成功。该计划的时间安排至关重要，因为当前中国经济正在转型：从以低价格推动高增长转变为以质量促进经济的强劲增长。在中国，我在设计上的目标是降低生产量、增加利润以及延长产品的生命周期（从而达到减少浪费的目的）。

和在维也纳大师班一样，在德稻学院我做的第一件事就是起草使命书。以下是我们追求的使命：

同中国及全球的人才携手建立一个可持续发展的创意精英社会，为教育机构、企业和政府机关培养和训练设计领袖，促进中国的产业和公司从"世界上最大的车间"转型为以创造力为驱动力的设计和品牌领头军。

经过几次富有成效的讨论并就选址做过一番探索之后，我的工作室决定将地点选在复旦大学上海视觉艺术学院，该大学地处上海西部的松江大学城。学院的大楼是新建的，有来自世界各地的许多同行。我们的设备包括一个最先进的设计工作室，室内陈列着某些在设计方面具有领先地位的公司（如维特拉公司、赫尔曼·米勒公司以及阿特米德公司）所研发的原作，因为在充斥着破损的设备以及低劣的复制品的环境里无法培育出优秀的设计师。当然我也在教室内展示了一些我们自己的设计作品。我们的模型制作室是最先进的，配备了德国制造的机器与工具。工作室里包括全套环保水性漆色系和喷漆室，这是由青蛙设计公司制定的标准配置（苹果公司以及其他公司都乐于采纳这套标准）。

我们的团队由5个人组成，我聘请的第一个人是本杰明·西西里。本杰明是我在维也纳任教时教过的最优秀的学生之一，因此"ID2"将继续是我职业生涯中的一部分。为达到最好的效果，我们将会进行一个研究生项目，学生数上限是30人。

德稻大师课程

下列是德稻大师课程的详细一览表。

课程学位：	硕士研究生——德稻大师课程（无政府资格认证）
战略设计：	模拟-数码集成产品、人机界面、创新和商业的融合、社会及生态可持续发展
产业焦点：	无线和移动、数码消费类电子产品、移动性、白家电和小型电器、健康保健、机械和机器人
学制：	1~2年（取决于学生的选择以及教师的决定）
学期：	3月—6月；10月—1月（8个月） 三个月的暑假期间推荐实习机会
学习方式：	研讨会、授课 模型制作（项目的核心） 学期项目（小组形式，3个月） "速成"项目（个人，1周） 公司车间（同正常的课程安排保持一致） 期末项目（个人，3个月）
学生/申请者：	设计专业本科生 拥有设计学位的专业人士
申请：	（入学考试一个月前送至工作室） 个人作品集 自荐信 本科期间的表现与成就 推荐信
为期3天的入学考试：	（每学期开始） 个人面试 雕塑和素描 历时48小时的测试
比例：	每个导师最多8名学生
学费：	人民币120,000/年

让设计师们做好引领未来的准备

世界时刻在变化,对战略设计师的要求也要发生变化。正如在本书其他章节所强调的,在生态平衡、社会平衡以及可持续发展方面所面临的挑战是我们设计师所关注的头等大事,也是创意教育的核心。我们的目标是建设一个更美好的未来,因此我们必须对历史有充分的认识,这尤其是因为历史反映在消费者行为中的情感问题和功能问题上。我最喜欢的一句禅语用简洁的语言表达出了过去、现在和未来的精华所在,即"already here and tomorrow",这句话的意思是:过去和现在已经存在,我们从过去及现在看到发展的轨迹,而未来是我们的发展机会,我们通过过去和现在找出未来的发展。为和这一理念保持一致,我用下面这个列表结束本章,我认为这个列表或许可以从历史的角度来阐释未来的挑战。

- 1960—1970:由于消费者追求的是产品,因此当时的口号是"满足我的要求",因此各品牌要向消费者传达出"我们可以满足你的需求"。一个很好的例子就是功利主义和实用的大众甲壳虫汽车。

- 1980—1990:随着产品不断寻找消费者,当时的口号是"吸引我",因此各品牌必须能吸引消费者。一个很好的例子是可以让人随时随地收听音乐的索尼随身听。

- 2000—2010:由于产品成为形成某种生活方式的工具,当时的口号是"改变我"(甚至是"改变我们"),因此各品牌一定要有个性。一个很好的例子是苹果公司的iPhone手机。

- —2020:在未来,消费者和产品将"合二为一",口号将是"了解我"。各品牌将是实现这一目标的"途径"。

我认为列表中的最后一项是未来战略设计发展的方向。在仔细思考这一项时,我想到了老子的名言:"道法自然,生自变化之永恒。拒之则徒增悲矣。实即为实,勿抗之,顺势为优。"很多朋友和同事在得知我要去中国任教时总是会问我"为什么要去中国",每当回答这个问题时我都会想到老子的这则名言。

DORIAN

you are the content

be honest with yourself

determine your future

Discover

The "Dorian Gray Book" is a communication tool for social networking. It´s based on the moral principles of the book written by Oskar Wilde 1890.

ernal youth - Data storage

Multiple identity - Different accounts

Self awareness - Acting blindfold

Salvation - Data abuse

Craving for recognition - Bodycounter

Design

eo information
e system also allows contacts to see your current ographic information, making it easier to meet th you and eliminating those „where are you?" none calls.

Data expiration
Everything you upload on dorian can be given an expiration date. The data is fully deleted when the date is reached.

Fair marketing
Brands have the ability to create an interactive relationship with their customers. You can get information from your favorite brands and have access to a contact person to help you.

Analysis
The whole system offers a special prognosis tool, which is helpful in situations like writing a message and getting a useful link or you can also use it as a Timeline to see the development of a relationship - and the system will predict how it might develop in the future.

3 Layers with ranking
Your contacts can be sorted into three different layers. You have control over who can see what information about you. Your contacts are ranked according to communication frequency – like in real life

Define

7 维也纳学生的设计作品

"任何伟大的事情都不是一蹴而就的。"

——埃皮克提图（Epictetus）

在此我想介绍一些ID2大师班上的学生所设计的优秀作品。这些杰出的作品充分表明：设计师是后天培养的，而不是天生的。这些作品也证明学生愿意走上未来最崎岖的人生之路，他们的使命是改善及美化整个世界。

这些从应用艺术大学大师班挑选出来的项目说明了整体设计教育是如何激发学生们放大期望，以及如何培养学生做一名思维缜密、充分考虑消费者需求的职业设计师的。这些项目涵盖人类生活中必不可少的六个方面。所有这些项目都具备社会性、可持续性和整合性。学期项目是以小组形式完成的，不过虽然大师班的团队合作精神对学生起到很大的激励作用，但是学位项目仍需个人独立完成。由于五年甚至是更多年后这些学生会在行业、科研或者高层管理等领域担任领导职位，所以学生在设计中结合了正在开发中的新技术。

人员名单：ID2大师班的所有项目都是由我以前的学生创作的，其姓名都附于对其项目的介绍中，此外，各个项目还附有他们对自己设计成果的描述。学生们的项目是于2005年到2011年间完成的，指导老师是奥地利维也纳应用艺术大学的教师。

负责人：大学教授哈特穆特·艾斯林格博士
概念指导：斯特凡·兹内尔、尼古拉·西普、玛蒂娜·菲内德尔（至2008年）
数字设计和动画指导：彼得·克诺布洛赫（2007年）
模型制作和技术支持：大学教授马蒂亚斯·普费弗

··· DORIAN GRAY BOOK，参与设计的学生：HARALD TREMMEL, NADINE VON SEELEN, ALEXANDER WURNIG.

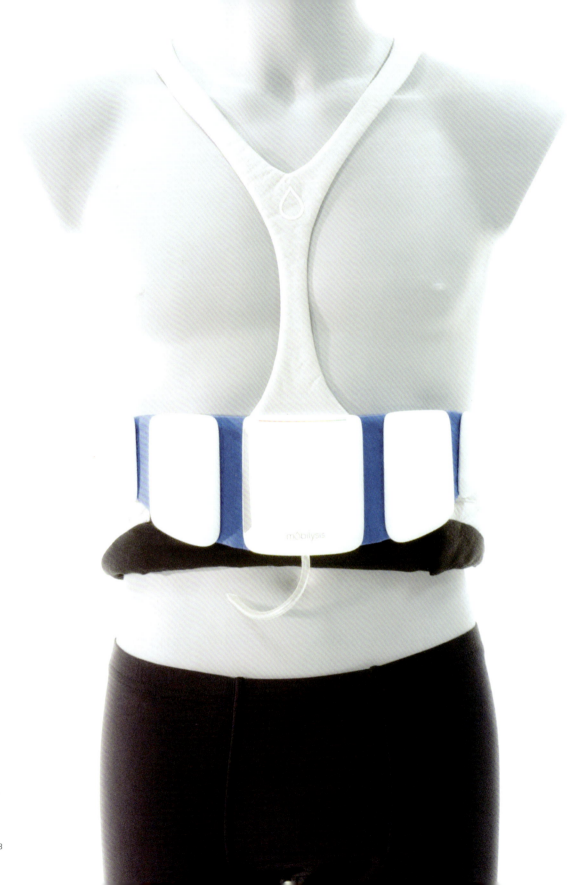

健康

移动透析仪

获奥地利国家设计奖

学期项目：玛丽亚·加纳（Maria Gartner，组长），尼科·施特罗布尔（Nico Strobl），斯特凡·西贝菲德（Stefan Silberfeld），迪米塔·葛诺夫（Dimitar Genov）

需要靠透析生活的病人是值得同情的。该小组对现有技术进行调研后，找到了将多种透析技术整合成单一系统的方法，病人可将这套系统穿在身上。根据小组学生的说明，这套全新的移动透析系统名为 Mobilysis，是为肾功能衰竭的病人而设计的。借助 Mobilysis，病人可以自由选择透析的时间和地点，不必在专门的透析中心待上几小时。透析液会分几轮通过容器中的传送管带被抽入腹腔，并通过腹膜清洁血液。这一过程会令致命的尿素通过简单的渗透过程进入透析液。每一轮过程结束后，被尿素污染了的透析液都会以技术手段净化，以便进行下一轮透析。这套移动透析设备可让病人在家中自行透析。该设备由两部分组成：一条柔韧性较好的腰带，以及分隔成几个区域的薄膜袋，以容纳透析液，由硬壳保护的各种硬件、导管连接器以及肾内清洁装置。Mobilysis 系统由一个简单、便于操作的智能手机应用程序进行控制。设备本身亦设有按钮，可进行基本的安全操作。

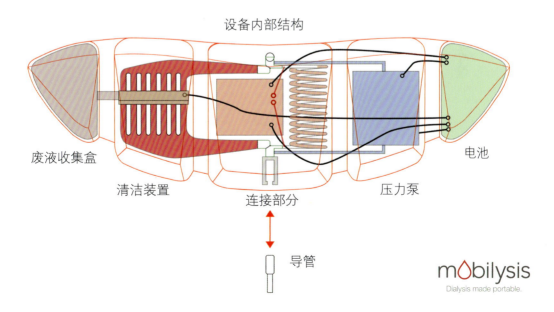

便携式生命保障系统

学期项目：本杰明·查莱（Benjamin Cselley，组长）、尼可拉斯·瓦格纳（Niklas Wagner）、卢卡斯·普雷斯勒（Lukas Pressler）以及奥斯卡·冯·汉斯特因（Oskar von Hanstein）

医学报道称，世界上有 6 亿多的人都患有慢性阻塞性肺病（COPD）。在美国，COPD 是第 4 大致命因素，据预计，到 2020 年将跃居第 3 位。要想亲身感受 COPD*，请这样做：屏住呼吸直到无法承受，然后数到 10 再呼气。这样你就可以了解到患 COPD 的感受。一个有效的医治方法就是练习呼吸，便携式生命保障系统可以有效地辅助你做呼吸练习。便携式生命保障系统还可以治疗呼吸方面的疾病，并可以通过无线局域网向主治医生汇报你的身体情况。

高科技假臂

学期项目：海伦妮·施泰纳（Helene Steiner，组长）、卢卡斯·普雷斯勒（Lukas Pressler）、尼科·施特罗布尔（Nico Strobl）

假手和假下臂技术存在两大难题：功能和语意。此处展示的假臂是对建立一个新型机器人友好型社会的尝试，技术本身也被设计成极具吸引力的设备。该设备并不是做成普通假臂的样子去掩盖生理缺陷，而是将其转化成一种工具，这种工具比人的真实的手臂具有更多的功能。戴假臂的人借助肌电传感器来进行操作以控制手臂的运动，此外，手臂前端还有一个显示区以控制微小的动作。该设备融入了最新的无线技术和很多便于使用的工具，如相机、手电筒、螺丝刀、手机、开瓶器以及控制数据交换的 USB 盘。

* 哮喘患者切勿效仿这一做法。

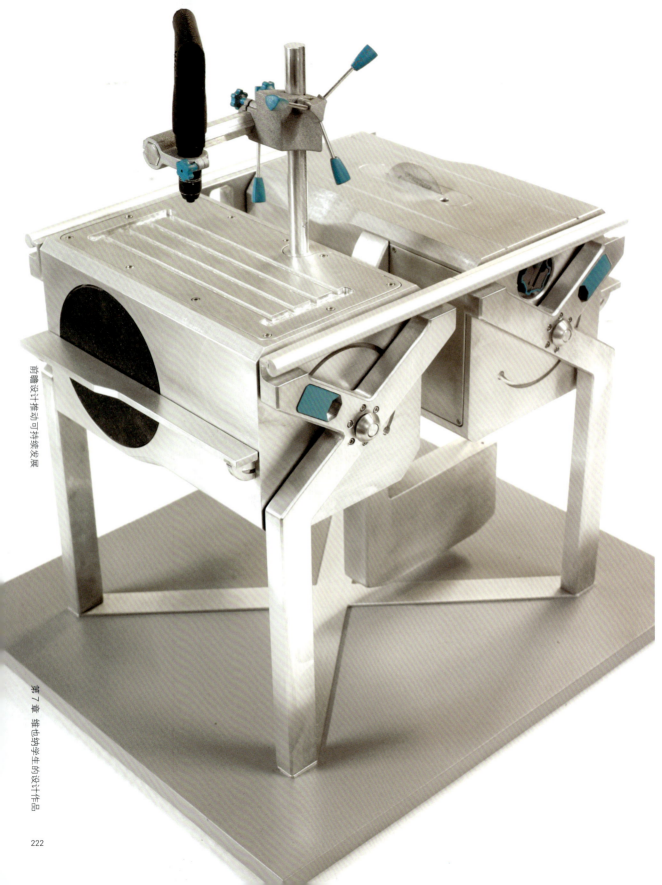

生活和工作

模型机

学位项目：伯恩哈德·兰纳（Bernhard Ranner）

对设计师而言，除了绘制草图和效果图，凭借"真实"的模型来判断其设计的物品的触感和功能及其体现的人体工程学也十分重要。在设计阶段越早制作模型越好。但不幸的是，只有大企业和大设计公司才有能力拥有专门的模型制造车间。模型机的目的是满足小企业和新成立的公司的需求。模型机所占的空间只有办公桌那么大，但却提供了模型制造车间所必备的所有东西。事实上，这是模型制作人员梦想中的机器，该设备是由一个喜欢借助模型进行设计的设计师发明的。

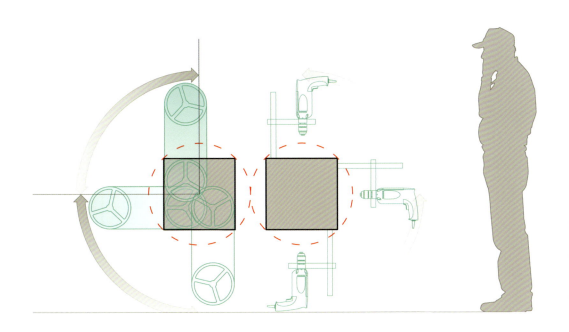

KAPUTT.R 机器人
该项目曾入围布劳恩奖设计大赛的决赛

学期项目：埃罗尔·库萨尼（Erol Kursani，组长）、弗洛里安·威尔（Florian Wille）、安东·威奇赛尔布朗恩（Anton Weichselbraun）、伯恩哈德·兰纳（Bernhard Ranner）

粉尘、噪声以及安全性欠佳等因素使建筑拆除成为极危险的职业。在这样的环境下工作，工人可能会身染很严重的疾病，如振动病、烧伤、失聪，甚至是死亡。为避免这些危险，我们设计的 Kaputt.R 拆除机器人可以自动在楼内进行工作，这有效取代了人类劳动力，因此工人不必再到危险区去工作。机器人的两个胳膊是折叠式的，因此活动范围很大；此外，配重装置可以很好地平衡两个长长的手臂。Kaputt.R 的行动由四个电动履带来支配，稳定性好，可以去很多地方，而且不会超过地面的最大承载能力。此外，机器人是通过 3D 软件和声呐传感器进行操作的，因此 Kaputt.R 可以在没有人做现场监督的情况下定位拆迁位置。机器人上可以安装很多工具，比如圆锯、犁或者像动力枪这样的高精度工具。动力枪是专门用来协助拆迁工作的工具，将丙烷气体爆炸产生的气压波沿直线方向射出去，气压波会从墙上穿洞而过，于是墙体就会被撼动，之后墙就很容易被推倒了。

瓦伦丁电脑
发布于世界各地的各大博客（如 Gizmodo 和 Boing Boing）

学期项目：马丁·佐普夫（Martin Zopf，组长）、皮娅·维特加瑟（Pia Weitgasser）、安东·威奇赛尔布朗恩（Anton Weichselbraun）、朱莉亚·凯辛格（Julia Kaisinger）

该项目是向已故的埃托雷·索特萨斯和佩里·金（Perry King）的一次致敬，也是一个开源设计的范例。我们 2008 年暑期的任务是重新解读好利获得公司的传奇产品——"瓦伦丁"便携式打字机。1969 年，索特萨斯和佩里·金共同创立了"瓦伦丁"这个品牌，该品牌充分体现了索特萨斯所倡导的理念：设计不仅要实用，而且还要有吸引力和情感号召力。人们借用这一理念来满足数字时代的需求，同时也是一种文化再利用。我们认为"瓦伦丁"的特征是时尚风格和功能性。"瓦伦丁"打字机的设计完全颠覆了由显示器决定产品外形与尺寸的传统，因为由传统打字机使用滚轴卷纸的方式做启发，我们使用了柔软可以卷曲的显示屏，这样就由键盘部分来决定整体外观的尺寸。

"合租"冰箱

获全球伊莱克斯奖

学期项目：斯特凡·布奇伯格（Stefan Buchberger，组长）、马丁·费伯（Martin Faerber）

合租是当代的一种生活方式，让人们（尤其是年轻人）可以既住得便宜又可以在公共空间独立生活。模块化冰箱采用的是模块元素，允许用户根据自己的喜好来定制产品"皮肤"、增值装置等，用户也可以决定冰箱内食物放置的区域与顺序。增值装置的功能各有不同——如黑板、花瓶、开瓶器等，用户可以把这些装置吸附到模块元素的前面。每个模块（多达4个）都通过基座同冷却液和电源相连。在基座上有一个可以根据模块使用的数量来控制压缩机功率的调节器。总之，一切都融于一个设备，但这个设备却包含了一切——既节省能源又省钱。模块化冰箱的大小同传统冰箱一样，因此可以放在普通厨房内。在模块的顶部和底部分别有一个底座，这个底座将各个模块整齐地叠放在一起。两侧各有一个手柄，可以方便地取放模块。各模块的容积是84.3升，略高于统计资料显示的平均每个人所需的储藏空间。

前瞻设计推动可持续发展

娱乐

英雄机器虫

学位项目：本杰明·查莱（Benjamin Cselley）

该项目的理念为"让电子游戏活起来"。这是一些受自然的启发而设计的机器虫，其中融入了最先进的肌肉仿生和人工智能技术，可通过智能手机或平板电脑上的软件操控。为增加娱乐感，我们还设定了 KOLO、SHO、AKU、NOMIA 和 TWIN 这五种不同的角色。五位都有着独一无二的能力，至于共同点，它们都是"英雄机器虫"！但是要真正成为英雄，它们还需要一个教练——那就是你。是的，作为用户的你要按照三种游戏——相扑、跑酷与收割——的游戏规则来训练它们。要在这些挑战中获胜，需要教练与机器虫绝对统一，这令此"融合式游戏"增加了一个新的亮点。用户也可以通过编程为机器虫们添加特殊的能力，然后，它们就会完全自主地行动。英雄机器虫就像是道场内的斗士，而玩家则是道场一角的教练。

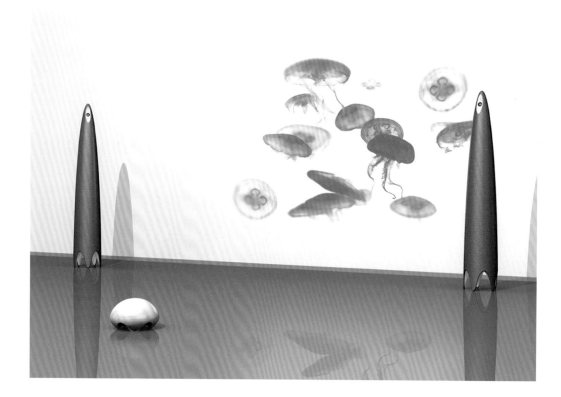

数码吉他合成器

学位项目：安东·威奇赛尔布朗恩（Anton Weichselbraun）

吉他是世界上仅次于笛子的最受欢迎的乐器。数码吉他为吉他爱好者带来了模拟弹奏同电子音乐技术及方法的结合。数码吉他用数字取代了弦、拾音器以及品，采用了一套 MIDI 信号，让吉他的声音听起来像是任何特定的吉他或扬声器的声音。触摸控制的琴颈区可以根据手指的位置来对声音进行分析并发出相应的声音，从弦上不断发出的微小的音波可以定位琴品，而压电制动器会根据弹奏的音符来调整振动频率。大脑会将指尖拨动的频率识别为琴弦的真正频率。

Jelly Web，配有触摸屏界面的超媒体系统

学位项目：康拉德·克伦克（Konrad Kroenke）

如今具备联网功能的设备已成为备受青睐的个人伙伴。现在的人们通常会借助大量设备来处理日常事务（如通信、娱乐、电子商务）或通过一个数据流、一个接口方便地获取信息。我们需要使用的所有信息、联系方式以及业务数据都可以直观地呈现在我们面前。从技术上而言，Jelly Web 是一台简单的电脑，电脑可以临时存储少量内容，此外，该电脑有非常好的数据传输功能。该设备会保持一直在线，视频、音乐以及游戏等被上传到服务器，其他用户也可以共享访问。直观的、可触摸的用户界面打破了障碍，也激活了人们的听觉和视觉，因为用户可以操作里面的音频和视频。该设备的设计和电子设备常见的外观不一样，它鼓励用户同这个家庭新成员建立一种个人关系。用户可以通过直接的触觉感应向该设备敏感的表面传达信息，而设备则显示出不同的图形，以这些图形作为交流语言做出反馈。为再现倍频的高端效果，在设备的一侧安装了一个 LED 投影仪。为达到完美的视听效果，设备上还装有两个非常棒的发声装置。这些塔形装置里还有摄像头——可以同他人进行视频互动的电子眼。

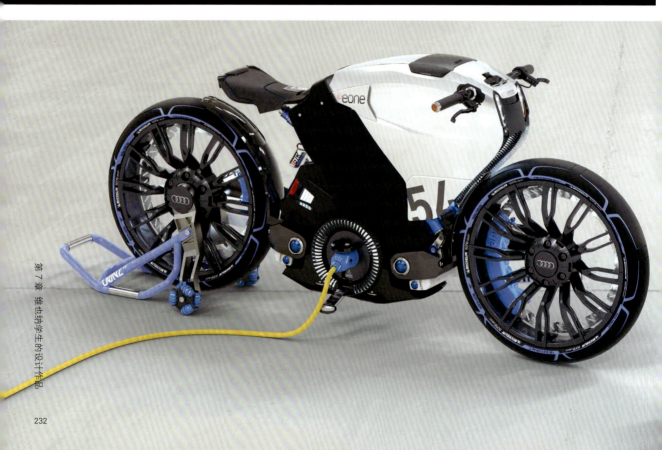

移动性

奥迪 E1

学位项目：卢卡斯·多恩兹（Lukas Doenz）

奥迪集团在摩托车制造方面有着悠久的历史，只是现在的人并不太知道这一点。DKW 和 NSU 曾是市场上的两大领先品牌，1955 年上市的 NSU MAX 是奥迪集团制造的第一辆摩托车，该摩托车的硬壳是用金属板冲压、焊接而成的。放眼电动列车和先进的远程信息处理学，奥迪 E1 采用了先进的 KERS（动能恢复系统）、数码安全功能（如稳定器）、变道和远程控制器、线控转向以及全轮转向技术。车轮和制动辅助系统采用的悬臂悬架也提高了驾驶安全性。符合人体工程学的车身可以根据驾驶员的身高进行调整，此外，驾驶员还可以在自由巡航和运动模式之间进行选择。该设计界定了能充分激发情感的绿色能源新语意，而且所有的"新技术配件"（如 KERS、LED 灯、电池等）在设计时特意没有把它们包裹在车体内，而是将其显露在外，方便用户做个性化定制。

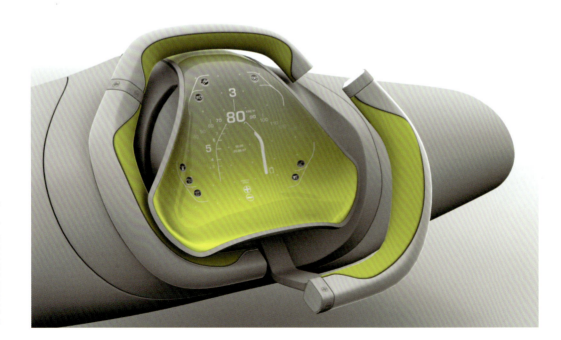

数码交通标识

该项目在奥地利和德国举办的设计奖中获得多个奖项

学期项目：埃罗尔·库萨尼（Erol Kursani，组长）、亚历山大·伍尼格（Alexander Wurnig）、希林·法尼（Shirin Fani）、卡里斯蒂娜·楚蒂可瓦（Kristina Chudikova）

目前正在使用中的交通标识有超过 600 种，每种标识的成本都在 400 美元以上。其中至少有三分之一的标识是不必要的，其拆除成本比将其保留在原地不动的成本还要高。此外，多项统计数据显示，有些交通标识是人们无法理解的。在该设计中，指引驾驶员的控制线可以投射到挡风玻璃上，看起来像是道路的一部分。该系统很容易理解。绿线表示"行使"，红线表示"停车"。中间的黄线是导航系统。我们的目标是缓解道路的混乱局面、疏导交通，完善交通管理以及通过减少实体交通标识来整顿杂乱的街道。该设计采用的是平视显示器（HUD），显示器由卫星进行控制，可以投射到驾驶员的挡风玻璃上。利用这种设计，街道上就不必树立各种标识，同时也可以减少交通信号灯的使用，此外，该项目中还有一个专门为行人设计的动态交通信号灯系统。该系统具有很大的灵活性，可以反映实时交通状况（如车流量小的时候，指示灯会一直显示为绿色）。

学习驾驶舱

曾获得奥地利国家设计奖

学期项目：埃瓦尔德·纽霍弗（Ewald Neuhofer，组长）、马可·多布拉尼维克（Marco Doblanivic）、亚历克斯·格弗勒（Alex Gufler）

50% 以上的交通事故都是在驾驶者开车的最初五年发生的，该项目的重点是学习如何进行安全驾驶以及如何保持安全驾驶的水平。为免受中心控制台上的屏幕的干扰，该理念关注的焦点是驾驶员前面的所有装置和指示灯。该项目所采用的软件具有互动性，它不仅会提醒驾驶员留意车速，还会提出建议、提前发出警报以及给予表扬。当驾驶员遇到危险或分心时，该装置就会发出负面反馈，如不喜欢的音乐。该"方向盘"的设计及其采用的人体工程学原理结合了所有的手动控制功能；此外，受飞机上的轭架以及视频游戏采用的操纵杆的启发，该设备在配置上也更加灵活。

TECHNOLOGIE

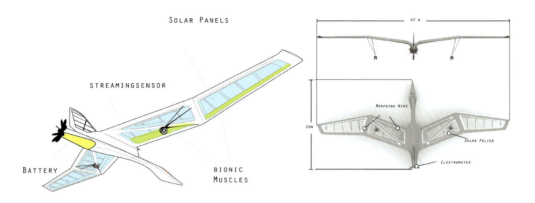

DEFINE

"For once you have tasted flight, you will walk the earth with your eye turned skywards."

莱昂纳多太阳能飞机

学位项目：朱品·甘巴里（Jupin Ghanbari）

该项目的目标是从莱昂纳多·达·芬奇绘制的"飞行器"图形及其模型中寻找灵感，以找到新的解决方案，将 NASA 研发的最先进的太阳能飞行技术以及其他技术应用于初期设计中。莱昂纳多所采用的是自己熟识的材料，如果当时可以采用超坚固的现代材料，也许他会创作出更逼真、外形更像鸟的设计。莱昂纳多太阳能飞机的动力来自一个电动螺旋桨发动机，发动机安装在飞机尾部以避开机身周边的气流所产生的湍流阻力。该设备可以容纳四个人及其携带的行李，针对空中短程往返服务也可以适当增加容量。

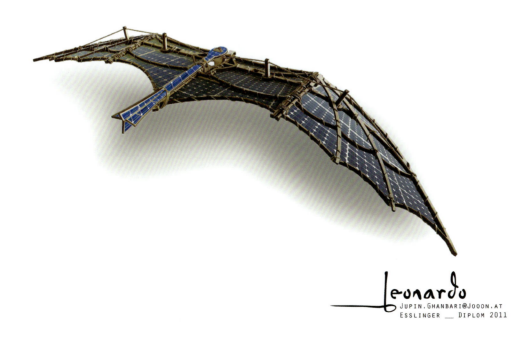

前瞻设计推动可持续发展

第 7 章 维也纳学生的设计作品

数字集成

Mariposa 变形机器人

学位项目：弗洛里安·威尔（Florian Wille）

　　该项目背后的动力是"史蒂夫·乔布斯在 2015 年会做什么"。该项目将电脑、通信仪和自动仿生机器人结合在一起。麻省理工学院的一项研究显示，同屏幕相比，用户更青睐自动界面。我认为，对不熟悉技术的人（如儿童和老人）而言，这尤其正确。Mariposa 能够感知周围的环境，通过投影仪将真实世界同数字信息结合在一起。因此，这可以打破键盘 - 屏幕模式，让人们寻找新的互动方式。

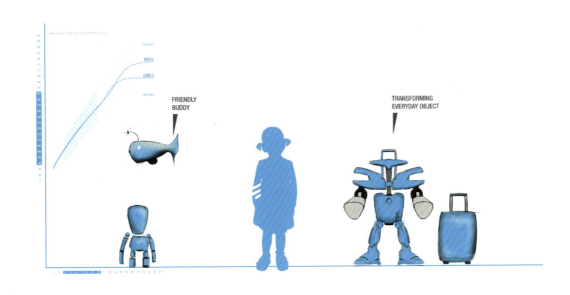

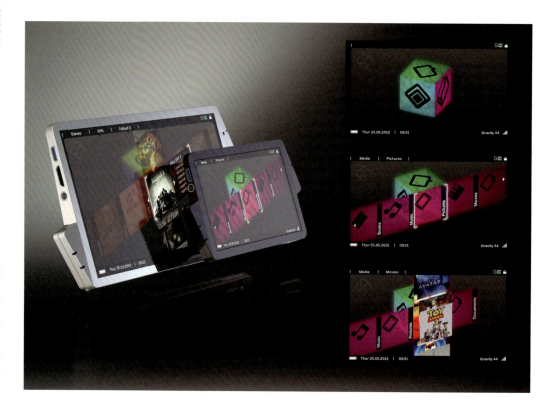

工作流应用程序

学期项目：米尼赫·大卫（Minich David，组长）、马丁·斯托梅尔（Martin Strohmeier）、马克·克林（Marc Krenn）、斯特凡·卡超诺夫（Stefan Kachaunov）

人人都知道计划和实际操作之间存在着巨大的差距。最基本的问题是确定最重要的事项和工作的流程。工作流应用程序不仅配备简单的日程和组织应用程序，它还可以让用户根据重要性将项目分为"必须做"、"应该做"以及"想要做"这三大类。该应用程序还可以让用户反馈自己的进展，通过填写一个涵盖某个任务各个方面的进展表，用户可以了解自己的进度。此外，联系人和用户的通讯录是一致的，工作进程中添加的联系人可以同步到用户的通讯录中，通讯录根据特定的项目分为不同的种类。这可以让用户轻松找到与某个特定项目相关的所有人。

Gravity 手机和 Cube 用户界面

学期项目：克劳迪娅·巴尔（Claudia Bär）、马克西米利安·塞尔希（Maximilian Salesse）、彼得·坎兹（Peter Schanz）

该设计最初的起因是：苹果公司的 iPhone 和所有的仿制品都过于枯燥，无法让实体的用户界面扩展到应用程序中（如医疗程序、游戏程序以及针对盲人的程序）。实现这一目标需要设计特定的触觉界面，最后还要融合硬件设备（如显示盲文的微动开关显示屏）。该设计的目标是设计一种生命周期更长的智能手机，该手机采用的是模块化结构且性能更佳。因此，该数码设备的所有配件都可以进行更换和升级，这延长了产品的使用寿命也增加了产品本身的价值。该设计还采用了延长电池寿命的新技术，融合了多种触摸体验（如挤压），此外，该设计还会减少对环境产生的负面影响。Cube 用户界面通过一个神奇的盒子提供三维导航。因此，用户找到需要的应用程序所需的点击数量和错误数量都会减少。

生存

Aqualris 滤水器

获奥地利国家设计奖

学位项目：塔利亚·雷德福·克莱恩斯（Talia Radford Cryns）

在热带及其周边地区，很多人都遭受到自然灾害或人为灾害的影响，因此他们无法获得足够的、干净的、安全的饮用水。Aqualris 是针对这些地区研发出来的便携式净水器。

Aqualris 将提取安全饮用水的三大步骤——汲水、过滤以及中和病原体——结合在一起制成了一个便携式设备。该设计旨在帮助在人们无须借助能源基础设施的条件下也可以获得安全的饮用水。收集来的水被注入一个可移动的过滤器中，过滤器上有一个挂绳，绳子上印有说明性的符号。在重力的作用下，过滤过的水会沉淀在转化器晶体层的下面，这些晶体可以将太阳射线转化成具有高效杀菌性能的 UVC 频率，射线会直接打到每个从中穿过的水分子上面。最后，在这个高科技智能容器中就提炼出了纯净新鲜的安全饮用水。

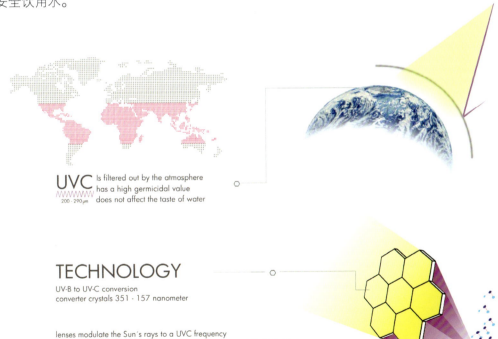

海滩救援

学期项目：约阿希姆·科诺斯（Joachim Kornauth，组长）、卢卡斯·普雷斯勒（Lukas Pressler）、卢卡斯·维尼克（Lukas Vejnik）、乔·缪勒（Joe Mueller）

在欧洲，溺水是引起非正常死亡的第三大因素，据报道，每年约有 20,000 多人溺水而亡。统计数据显示，在第一时间进行援助是确保救援成功的关键。S-QUIP 是一种无人驾驶设备，可以自动监控海滨区和港口地区；若安装在船的护栏上，该设备还可以监控船周围的区域。若遇紧急情况，这个无人驾驶设备可以自动驶出灯塔，前去救助遇险人员。该设备会放出一个充气救生圈并能定位遇险者的位置，这样在救援队抵达之前可以争取一些时间。

生物体外肉类生产技术

学位项目：奥斯卡·冯·汉斯特因（Oskar von Hanstein）

由于对生态产生了副作用，而且农场禽畜的饲养条件十分恶劣，所以当前普遍的肉类加工方法都是非持续性的，此外，这可能还会导致细菌性疾病和病毒性疾病的传播。肉类的"大规模生产"以及肉制品遭到污染等负面新闻不断增加，于是人们不断呼吁尽快结束这种造成资源浪费且不利于生态平衡的生产模式。目前人类正在开发解决这些问题的新技术，而且很快就会将这些技术应用于不断繁荣的市场。比如，研究人员正利用组织培养技术研发可以在生物体外生长的肉类产品。《时代》杂志将生物体外肉类生产技术列为 2009 年 50 大突破性理念之一。这不是简单地模拟植物蛋白，而是通过培养真的动物肌肉组织细胞来获得相关产品。生物体外肉类生产技术的好处是：可以养活更多的人口、土地使用面积小、水资源的利用率更高、质量监管效果更佳、温室气体的排放量较少以及不必在能源和食品之间做出艰难的抉择。

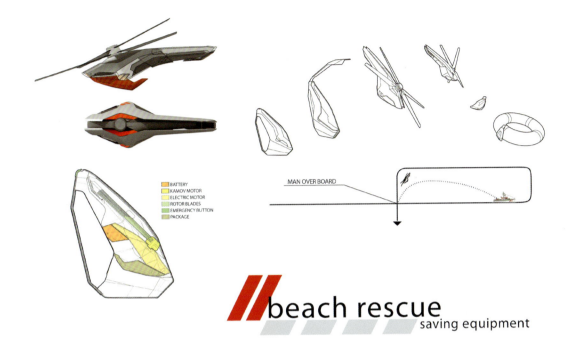

beach rescue
saving equipment

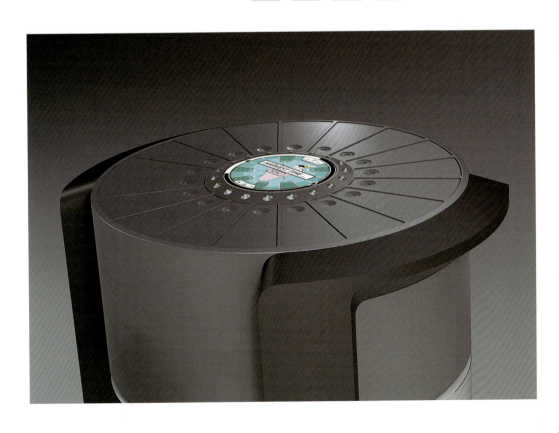

前瞻设计推动可持续发展

第 3 部分 设计引领未来

Part 3
设计引领未来

⬅ BODENSEEWERK 工业机器人，1987 年。摄影：DIETMAR HENNEKA。

8　温水煮青蛙

如果你把一只青蛙放入一个热水沸腾的锅里，它肯定会慌乱地寻求出路。但是如果你把它轻轻地放在一个盛有温水的锅里，然后把火打开慢慢加热，它则会相当平静地漂在水面上。随着水温不断上升，青蛙会逐渐陷入昏迷——就像我们洗热水澡一样——不久它就会被煮死，然而它并不会挣扎，相反还会面带微笑。

——根据丹尼尔·奎因的《B的故事》改编而成

1969年创立青蛙设计公司（公司名称是德意志联邦共和国的首字母组合）时，我就认识到了我们所面临的全球性生态问题。1972年，罗马俱乐部发布了第一篇关于"发展的局限性"的报道，当时我意识到我们需要将产业模式从用商品带动消费转化为以人为中心的使用模式。青蛙这种动物对失衡极为敏感。因此，我认为用"温水煮青蛙"来做比喻十分准确，这个比喻可以充分说明大部分人是如何满不在乎地无视生活中一点一滴的问题的，但这些问题在今天发展成了令人震惊的难题——污染、全球变暖、金融边缘政策以及无视人类和社会的现象。这种满不在乎的态度对许多公司来说是致命性的，起初这些公司都十分成功，然而随着技术、战略和文化的进步，公司的竞争环境也日益升温，但它们却没有随之做出相应的反应，最终，由于无法保持竞争力，这些公司注定会被淘汰。

若要摆脱像被温水煮死的青蛙那样的命运，个人、社会、国家以及全球各国人民必

◁⋯纽约时代杂志，GELFROG设计研究，2004年。

须意识到正缓慢发生的变化，以避免不想看到的甚至是灾难性后果的出现。最大的问题是，即使认识到了越来越明显的威胁，我们会采取行动来应对吗？我们该怎么做呢？

全球变暖峰会未取得成功，美国国会存在党派纷争，在达沃斯举办的世界经济论坛上大家也流露出对命运的无奈，因此我们面临的问题必然会升温。无论喜欢与否，我们必须承认这样一点：当前掌权的大部分企业和政治人物都无法或不愿直面这些令人震惊的问题。他们要么没有认识到我们所面临的问题的真正实质，要么无法通过提出创新性理念或方案跳出"传统"的模式。所有这一切都表明，目前我们仍无法解决最迫切的社会问题、经济问题以及环境问题，这令我们感到十分沮丧。

然而，我认为，当今世界之所以如此无视这些问题还有更深层的原因，即行为和智力活动的盲目性。我们今天所面临的复杂的问题主要体现在形象、行为和情绪方面；要解决这些"棘手的问题"需要我们拥有创新思维。然而，目前几乎所有的政治、商界和教育领域的领袖都是"左脑思维者"，他们理性且注重职业，通常通过逻辑推理来解决问题。我们不能指望这些人想出解决社会问题的创造性方案，这尤其是因为他们中很多人都十分自大而且只关注某些特殊利益。

另一方面，我们还拥有一小批（大约十分之三）具有创造性思维的"右脑思维者"，他们的思维是非线性的，而且其想法也是直觉性的，因此他们可以提出创造性的战略方案以应对这些"棘手的问题"。然而，正如我之前所言，他们大部分人都缺乏成为同掌权者具有同等地位的合作伙伴所必需的职业技能。如果他们想要获得同等的权力、薪酬并拥有同等的影响力，创意人才就必须向着取得领导地位而努力。

作为创意领袖，我们最重要的任务是让理性的领导层明白我们所有人都必须跳出去，因为我们都同处于沸腾的热水中。因此，本章概述了我们面临的各种障碍及其形成过程，并提出了一些解决问题的方法。在讨论过程中，我们将仔细分析有些企业是如何应对自身竞争环境日益"升温"这一现象的：有的企业是逐渐衰落，最后灭亡；有的企业则进行了创新，跨入了更利于可持续发展的新环境。

资本主义发展的必然性

为了解我们是如何走到今天这一步的，我们需要对出发点进行回顾。当今世界上大部分人的生活和工作都或多或少地带有资本主义经济的色彩，因此我们必须回顾资本主义的历史，以弄明白当前的资本主义经济是如发展起来的。这一历史始于文艺复兴时期和启蒙时期，当时科技和教育开始繁荣发展，要求人权的呼声也日益高涨。当"所有权"逐渐被广为接受时，工业革命到来了。工业革命的推动力是政治制度、较好的大学以及有才能的人，这些人才将自己的理念和想法应用于各个企业、行业和新经济体中。因此诞生了资本主义。

虽然目前的资本主义从很大程度上来说是一种新唯物主义态度，但早期的资本主义依赖的是哲学和宗教的变革。随着个人权利和所有权的不断发展，越来越多的人开始努力工作，并过着俭朴的生活，将攒下的钱再拿去投资到他们为之努力的事业中，这让他们一次次不断取得成功。

20世纪，个人消费产品成为日益重要的产业，大规模生产通过降低成本以及优化质量和设计的方式取代了个体制造业。虽然美国是这种先进的生产方式的发起者，但是对这个从"帝国主义等级制"象征和功能性上妥协中解脱出来的新的消费文化进行界定的却是德国包豪斯大学（1919—1933年）的建筑师、艺术家和设计师，这些人的思想在国际上具备超前性。以技术为灵感的包豪斯建筑，以"国际化"而著称，它推动了城市生活的改变并构建了现代城市的外观，正是这些改变形成了新的消费文化。

随着"消费主义"的到来，资本主义和宗教的角色开始发生转变。德国哲学家瓦尔特·本雅明（1940年因纳粹的包围，他选择了自杀）认为，对宗教持温和的包容态度的资本主义本身也必须成为宗教。大约75年前流亡巴黎的时候，本雅明表示，Les Halles的新型室内购物商场即现代化的教堂和庙宇。通过对中世纪大教堂和由诺曼·福斯特设计的香港HSBC大厦进行对比，今天的很多人都支持他的观点。本雅明还发现，购买行为带有浓重的宗教色彩，这是精神崇拜的一种新形式。他甚至还认为，货币债务取代了人们的道德内疚感，导致人们不得不努力工作以支付应缴费用。[1]这同马克思·韦伯的想法形成鲜明对比，马克思·韦伯认为渴望救赎的心态是取得成功的动力。

当今最流行的资本主义形式很容易理解。现在金钱已成为"上帝"，因此，大部分企业、产业和国家不再把竞争的核心放在制造优质的产品以及提供优良的服务上，而是放在从资产负债表、股东以及市场评估中抽象出来的某些价值。美国华尔街的改革收效甚微，繁荣的英国经济陷入低迷状态，但英国政府依然从欧盟退出，这些事实证明"金融业"（这是一个愤世嫉俗的矛盾修辞）的力量足以控制政治。在今天的资本主义制度下，人们不再勤勤恳恳地劳动，而是更倾向于投机取巧、剥削员工，因此像史蒂夫·乔布斯这样致力于开发"极为卓越"的产品的商业领袖十分罕见，他也因而被视为异类。

神圣的苹果公司

虽然瓦尔特·本雅明的想法——即消除宗教和消费主义之间的差别——听起来有些激进，但想一想苹果公司的顾客（或者我们可以称之为追随者）对其产品的热衷，他的想法就容易理解了，因为这些顾客对产品的追捧也带有明显的宗教色彩。英国广播公司于 2011 年报道，当一个青睐苹果公司的人在浏览该公司的产品时，其大脑扫描结果显示其视觉反应同宗教信仰者的反应是一样的。[2]

研究人员发现，等在苹果专卖店门外希望快点开门的顾客在大脑中的反应（如图最后一行位于中间位置的图像所示）同人们对宗教的反应（最后一排右侧图像）十分相似。

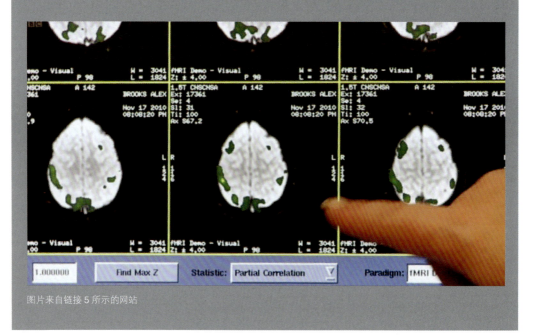

图片来自链接 5 所示的网站

解决方案

2011年1月，哈佛大学的经济学家迈克尔·波特同马克·克莱默合作在《哈佛商业评论》上发表了一篇十分有趣的文章，文章标题是"创造共同价值"。他们在文中讲述了如何改造资本主义以促进创新的发展（这完全背离了其之前倡导的"纯净资本主义"的理念）。波特和克莱默认识到人们不再相信"利润最大化以及不惜一切代价求得成功"这一冰冷的体制，因此他们讲述了今天的投资家和消费者是如何丧失对企业的信心的，这些企业的领导往往是薪水过高的主管，有时他们甚至弄虚作假、大肆吹捧企业的责任体制。政府茫然不知所措，不知道如何纠正滥用现象，作者担心企业和经济将被迫停滞。

愤世嫉俗者可能会说，要鼓励道德素质欠佳的主管和公司遵守道德需要花费一定的时间和精力；但是波特和克莱默所举的实例极具说服力，他们指出：由于守旧派的主管和企业缺乏创新能力而且也没有能力领导创意革命，其亏损额正快速增加。他们还清晰地指出，愚昧、浪费型的领导层很容易辨认。在文中，作者发出这样的疑问：为什么这么多企业在浪费资源？为什么它们不能制定一个强有力的战略？为什么要疏远消费者？为什么要滥用外包业务合作伙伴？同时，他们也不明白为什么苹果公司会取得如此巨大的成功，甚至深受消费者的青睐。之后波特和克莱默还表示，一个企业必须融入文化之中，必须对人们的生活产生积极的影响。虽然在创意界这些想法并不是革新性的，但从"左脑思维者"那里听到这些想法却是一个好消息。

最后，波特和克莱默建议主管和企业要承担起全面责任，以将其经营模式和产品人性化。他们预测接下来要发生的"商业思维"大转型的目标是将道德、文化、创意策划相结合且于重要环节实施，并将社会的进步置于经济增长之上。他们倡导的"共同价值"理念承认了人们对功能的需求和情感需求，并将这些需求作为一种新体制的组成部分。这种新体系的基础是更具创新性的教育制度，其推动力是更富同情心的领导层；在这一体制下，人类的需求和欲望将战胜大众营销。我个人十分喜欢他们的想法。我希望我们可以加快转型的步伐。

当然，资本主义的滥用和过剩促使众多思想先进的思想家和作家开始进行反思，如拉吉·帕特尔（Raj Patel）写了 The Value of Nothing（《无的价值》）一书。[3] 奥地利作家兼经济评论家克里斯特恩·费尔伯（Christian Felber）提出了一个有些理想化的建议：回到原始资本主义的状态，在这种状态下，社会是第一位的，而竞争将被某种更利于社会平衡的价值体系（比如，该价值体系将根据企业对社会共同利益所做的贡献来对其进行评价）所取代。费尔伯的观点同鲁道夫·斯坦纳十分相似。鲁道夫·斯坦纳是以人为中心的人智学（anthroprosophy）的创始人，该哲学也是世界各地的华福德学校的基本教育理念。[4]

在细节实施方面，费尔伯有些茫然，不过我很欣赏他对道德的热情。当今社会，我们迫切需要全新的理念，此外，我们还必须尝试更具创造性的社会经济新模式。只有充分发挥想象力探索更多的经济方案，我们才能克服当前的价值危机。从本质上而言，价值危机就是经济危机。我们需要一个更好的方法。

今天金钱似乎仍统治着世界，但是当今世界最重要的科技公司——苹果公司——从本质上而言却是创意公司。苹果公司颠覆了一直以来公认的企业管理模式。虽然竞争对手（如索尼、三星以及惠普）拥有几百个产品系列，但苹果公司只有四个：麦金塔个人电脑、iPod 音乐播放器、iPhone 手机以及 iPad 平板电脑，其中后两个系列在结构上是一样的。此外，在其竞争对手仍在采用传统的销售模式时，苹果公司还成为首家自开品牌店销售自家产品的高科技公司，就像路易威登和香奈儿等时装品牌一样。虽然苹果公司明确地证明以构想为基础的战略能够战胜以削减成本为基础的战略，但大部分高管仍未意识到这一点。这些高管未能认识到管理革命的重要性，因此他们只是一味采取旧模式，而不是做出巨大改变找到一个更好的新方式。"金牛犊"将依然是吸引众多企业的主要因素。就持有公开交易的股票或即将首次上市公开募股的领导层而言，他们借以激励自己的目标依然不符合逻辑，这些目标包括"看起来不错"的季度报告、把资源用在市场统计收益而不是开发真正的潜力，或单纯依靠宣传广告等。即使是亏损的企业，其估值也非常高，虽然从互联网破灭和经济瓦解中我们应该得到了惨痛的教训，但在市场中，如同在赌场下赌注般的心理依然取代了理性思考。

商业领袖应专注于通过设计制定一个具有远见的可持续性战略，事实证明，这是确保真正取得持久性成功的因素之一，同时领导者还需要具备一定的艺术眼光。苹果公司成功地发挥了创造力和以设计为基础的战略的作用，因此我经常会以史蒂夫·乔布斯来解释"产品至上"（其对立面是"金钱至上"）的领导模式有着怎样的潜力。为说明若领导层无法发挥创意战略和人们的设计能力会导致怎样的结果，我会提到惠普公司。在惠普公司，导致业绩衰退的公司战略是由能力欠佳的董事会决策生成的，并在糟糕的环

↑ 宏基 ASPIRE,1995 年。摄影:DIETMAR HENNEKA。

境中实施。所以，下面将苹果公司和惠普公司进行了对比，以比较它们的领导风格、经营业绩以及在这两种截然不同的企业文化引领下产生的结果。

一个以资本为中心的企业：惠普公司

"每个人都想有出色的表现。如果给他们创造一个适合的环境，他们就能实现这个目标。"

——惠普公司联合创始人比尔·休利特（Bill Hewlett）

惠普公司成立于1939年，创始人是斯坦福大学的校友比尔·休利特（Bill Hewlett）和戴夫·帕卡德（Dave Packard）。惠普公司曾一度被视为衡量硅谷具有远见卓识的企业文化的标准。事实上，比尔和戴夫写就了令硅谷持续繁荣的脚本。惠普公司的发明不胜枚举，其中包括首台能处理高等数学计算的可编程计算器、高端测量仪以及个人电脑出现之前的创新性电脑。对于公司的经营原则——"惠普方式"，戴维·帕卡德的解释如下。

利润：我们要认识到，利润是衡量我们对社会贡献的最佳标准，是企业实力的终极源泉。我们争取最大利润的同时也要平衡其他目标。

顾客：为满足顾客的要求，我们要不断努力提高产品和服务的质量、实用性和价值。

感兴趣的领域：集中精力，不断寻求新的发展机遇，但一定要将目标锁定在我们有能力完成并能为之贡献出自己的一份力量的领域。

增长：重视增长，将增长作为衡量公司实力的标准和保证企业生存的必要条件。

员工：为惠普公司的员工提供加强与公司关系的机会，包括分享公司的成功，因为公司的成功也有他们的一份功劳。根据业绩给员工提供工作保障以及让员工获得个人满足——个人满足来自工作成就感。

组织机构：建立一个能激发个人积极性、主动性和创造性的组织环境；给员工充分的自由，让其朝着既定目标不断努力。

公民：履行义务，做良好公民。我们的工作环境是各社会机构营造的，因此我们要为这些机构以及社区贡献我们的一份力量。[5]

不错，"利润"是第一位的，但要保证成功的持续性需要满足多个因素，利润只是其中之一。正是由于协调了上述多个因素，惠普公司才得以确立目标管理法。然而，任何人都无法永远工作，也不能长生不死。1999年惠普公司的最后一名"惠普内部人"路易斯·普拉特（Lewis E. Platt）辞去了首席执行官和总裁的职位，之后董事会不断更换首席执行官的奇怪行为将惠普公司带入了一个怪诞的转型。公司将安捷伦（Agilent）医疗部门剥离出来，剩下的核心企业从"开拓者"变成了"定居者"，金钱也成为比产品更重要的因素。公司不再重视在惠普实验室内工作的杰出科学家，而且还将越来越多的生产作业外包出去。由于部门经理只关注如何保证本部门的发展，很多优秀人才选择了离开，因此太多平庸的人掌握了更大的权力。虽然董事会的成员都是非常成功的人士，但董事会本身非常失败。他们任命的首席执行官中至少有三名未能帮助惠普公司适应21世纪的发展。

卡莉·菲奥里娜（Carly Fiorina），1999—2005年担任首席执行官。担任首席执行官后，她做的第一件事就是把挂在大厅的比尔·休利特和戴夫·帕卡德的肖像取了下来，代之以自己的肖像。她计划对惠普发展进行垂直整合，将其发展为数码传媒公司。她的想法完全正确，但是她未能调动很多部门主管的积极性（同后期森田管理索尼公司时遇到的情况十分相似），此外，她也没有考虑到惠普那些有着工程头脑的精英们的道德原则。她没有通过同公司的管理层和领导层进行有效的合作来带领公司进行变革，而是进行公开演讲来展示她的想法。其行为说明她并不理解什么是"设计和产品战略"。也许为了效仿史蒂夫·乔布斯，她试图将设计确定为企业的核心，但却未从整体上实施这一决定，因此成效十分有限。帕洛阿尔托分公司当时的设计负责人山姆·卢森（Sam Lucente）不得不处理这个"不可能完成的任务"。山姆曾正式向卡莉·菲奥里娜汇报了情况，但她并不知道要创造出世界一流的设计需要管理人员给予怎样的支持；因此，山姆没有得到像苹果公司的乔纳森·艾夫得到的那种支持和管理权力。卢森试图做出正确的决策，他聘请了青蛙设计公司、Ideo公司以及斯马特设计公司等世界一流的设计公司，但后来这一活动被迫终止，因为惠普公司的主管无法达成一致。在帕洛阿尔托的惠普电脑分公司以及休斯敦的康柏公司，卢森尤其没有话语权，因此其公司平庸的设计水平未得到提升。

菲奥里娜同惠普公司的实际相脱离的行为于2003年变得更加明显。那一年，她试图凭借新开发的一款更优质的产品来同苹果公司的iPod进行竞争，惠普公司的这款产品的代码是"Pavilion"，该产品是同纳普斯特公司（该公司曾侵犯了音乐版权）合作研发的。第二年，事实清晰地表明惠普无法推出一个可以同iPod进行竞争的可靠产品，于是她同苹果公司达成一项协议——即从苹果公司买进iPod，然后在背面贴上惠普公司

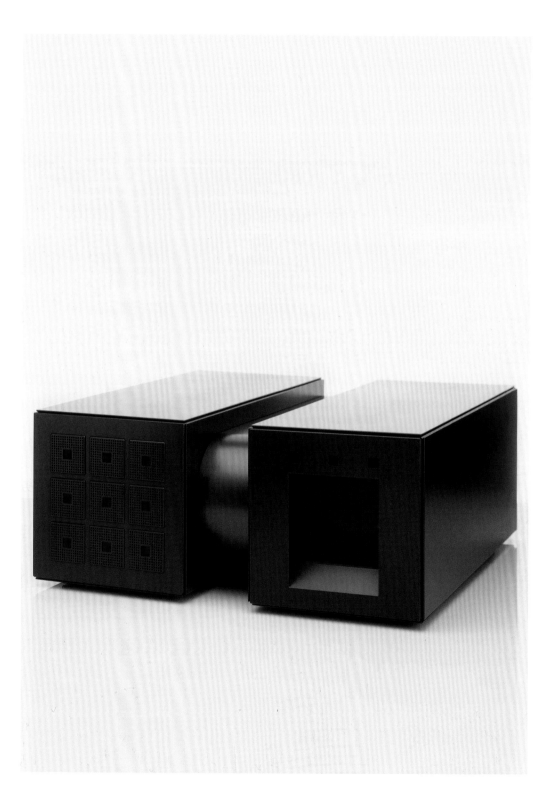

↑ SCITEX 高端扫描绘图仪，1991 年。

的标志，再采用不同的包装进行销售。但她没有想到的是，顾客不愿从惠普公司购买苹果公司的产品。2005年年中，协议被取消，惠普公司的销售业绩仅是苹果公司的5%。苹果公司迫使惠普公司在2006年8月之前不得推出任何音乐播放器，更是对其莫大的侮辱。

2001年菲奥里娜决定收购已经走到尽头的康柏公司，这是她做的最糟糕的决定。经过一场价格战，惠普公司收购了处于亏损状态的天藤（Tandem）电脑公司和数字设备公司（DEC），康柏公司的首席执行官迈克尔·卡佩拉斯（Michael Capellas）正在想办法逃命——跟惠普公司一拍即合。事实上，康柏公司的营销战略等同于虚设，其产品几乎都外包给了远东地区，产品的设计和生产都是在远东地区进行的。另一方面，虽然惠普公司的打印机业务十分成功，但该公司也是跟风型的，在个人电脑方面没有独特的优势。据2005年《财富》杂志报道："惠普公司同康柏公司的合并是一个很大的赌注，但这个赌注并未得到回报，甚至同菲奥里娜和董事会的预言相差甚远。在电脑业务上，惠普公司和康柏公司都处于亏损状态；它们认为若两家公司合并在一起，从财政方面而言将有利于电脑业务的发展。但从根本上而言，这个想法是一个巨大的错误。"[6]而最后，惠普公司决定解雇她，但对她的解雇也带来某些负面新闻，至少有一名董事向记者透露了自己同菲奥里娜的分歧。那华尔街呢？卡莉·菲奥里娜加入惠普公司时，公司股价是52美元，而当她离开惠普公司时下跌到21美元。

马克·赫德（Mark Hurd），2005—2010年担任惠普公司首席执行官。2005年董事会聘任马克·赫德担任首席执行官，在此之前担任临时首席执行官的是当时的首席财务官罗伯特·韦曼（Robert Wayman）。马克·赫德之前曾在纽约证券交易所工作了25年，他上任后做的第一件事是提高短期利润，将研发部的投资从2005年的~4.3%削减到2010年的~2.2%。在这个过程中，他解雇了几百名高素质的员工，但很多资质平庸的员工却仍在其岗位上（这又是完全无视戴维·帕卡德制定的"惠普方式"原则的表现）。

起初，华尔街"鼓掌"欢呼，股价也开始上涨，曾一度涨至近42美元。但随后却出现了现金问题，因为惠普公司的长期贷款从34亿美元上升到140亿美元（到2012年3月已经上升到230亿美元），而且公司的平均净利润率也低于行业平均水平，仅为6.2%。[7]除此之外，惠普公司的文化和潜力也不断弱化。不过，至少马克·赫德本人的薪酬还是不错的。他2008年的薪酬是3500万美元。从公司授权书中的薪酬数据看，惠普公司去年支付给这位老板的薪酬是2540万美元现金，其中包括145万美元的工资、2390万美元的奖金以及价值790万美元的股票，别忘了还有738,392美元的杂项，包括其持有的限制性股票带来的 98,000 美元分红以及 71,482 美元的"搬迁"补偿金，赫德是三年前加入公司的。[8] 2010 年，马克·赫德被迫离开惠普公司。不过，他依然得到了很大的好处。据《华尔街日报》估计，其获得的遣散费大约是 4000～5000 万美元。

李艾科（Leo Apotheker），2010—2011 年担任首席执行官。惠普公司的这一任首席执行官人选，曾在软件销售方面表现十分出色，但在德国 SAP 公司担任首席执行官时却惨遭失败。对于 SAP 公司要求他离开（在该公司历史上首次出现这种情况）这件事，惠普公司的董事会并未在意，有些董事甚至都没跟他见过面。但无论如何，李艾科给公司带去了一种新的理念，即对惠普公司进行重组，将其发展为信息技术服务公司。几年前郭士纳（Louis Gerstner）曾在 IBM 公司实施了一项战略并取得了很大的成功，李艾科的理念同他采用的策略极为相似。马克·赫德担任首席执行官时已经收购了 EDS 公司，艾科上任后又收购了 Autonomy 公司——一家信息管理公司。因此，他放弃了以数十亿美元收购 Palm 公司的计划。这并不完全是他的错，他甚至增加了研发预算并增派了几百名工程师支持 Palm。然而，Palm 公司的失败已成定局，其唯一资产就是 webOS 操作系统。但要将这个系统应用于屏幕更大而且功能更为复杂的平板电脑（如苹果公司的 iPad）是非常困难的，比惠普公司主管们的预期要难得多。最终惠普公司推出了 TouchPad（一款平板电脑），但其性能不是很好，价格也过于昂贵，销量基本为零。之后，李艾科开始感到恐慌：他承认苹果公司在市场上引发的"平板电脑效应"是真实存在的，并宣布惠普公司将考虑如何处理公司的整个电脑业务——其考虑的方案包括转售。该转售方案同麦当劳当初的做法十分相似，麦当劳当时也曾宣布或许不再经营汉堡包业务。惠普公司的员工、客户和投资者当然都感到十分震惊，于是公司陷入了危机。惠普公司将 TouchPad 的定价降到 99 美元，以此清空了零售商货架上的全部 TouchPad，这更加大了问题的严重性。（是的，他们售空了 TouchPad，但是这些电脑没有安装应用程序也不能进行任何操作，对买家而言完全是无用之物。）TouchPad 惨败后，惠普公司的主管们多次发表公开声明，其发言暴露了公司内部的混乱状态和权力游戏。于是公司再度陷入恐慌，因此董事会解雇了李艾科，但也支付给他数百万美元的遣散费，其中包括返回巴黎的机票。

梅格·惠特曼（Meg Whitman），自 2011 年开始担任首席执行官。她非常有智慧，在 eBay 的经历很出名，并在迪士尼以及宝洁公司等企业工作过很长时间。现在她不得不收拾惠普公司的残局，因此自 2011 年以来她也开始任董事会董事。曾经非常著名的惠普品牌现在遭受了严重损失，几百名员工被迫下岗，数十亿的资产化为灰烬，大部分

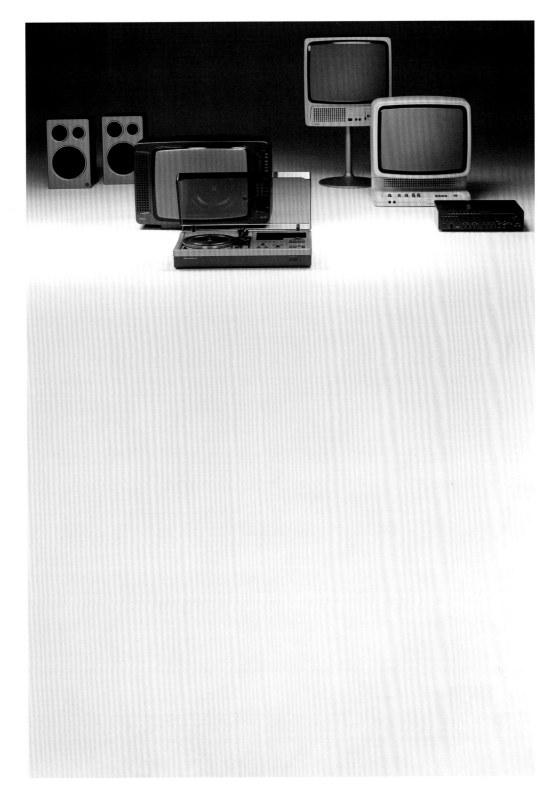

⇖ 贵翔第一组全系列产品，慕尼黑 NEUE SAMMLUNG，1973 年。摄影：DIETMAR HENNEKA。

员工的意志也十分消沉。惠特曼的第一项决策是好的：惠普要保留 PC 业务。公司也的确开始了重组。2012 年 2 月，担任了首席执行官的梅格·惠特曼发表了第一份季度报告，该报告超过了华尔街的预期。然而，惠普公司仍未能重塑之前的良好形象。截至 2012 年我写这本书时，公司的统计数据仍低于 2011 年（销售额为 300 亿美元，下降 7%；利润为 15 亿美元，下降 44%）。惠普公司最重要的销售业务是电脑、打印机以及数据中心设备，但目前这些业务仍举步维艰；目前只有软件销售业务有所增长，这得益于公司以数百万美元收购了企业信息化管理软件公司——Autonomy。惠特曼表示其主要目标是重塑惠普公司的长期健康发展，而不是寻找快速解决办法。2012 年 2 月 22 日公布惠普公司第一季度的业绩时，她说："我们正采取必要的措施加强管理能力、提高效率并利用新机遇重塑惠普公司在技术上的领导地位。"9

但是我认为，对任何公司而言，重塑"之前的辉煌"并不足以使其再展雄姿。惠普公司真正需要做的是创造"新的辉煌"。该公司过去之所以会取得成功是因为生产的新产品具有创新性、独具一格、功能强大，具有绝对的优势，给公司创造了新的市场。为再次取得这样的业绩，惠普公司就不能再依赖当前的设计团队，而是要在设计上占据领先地位，聘请世界上最优秀的人才。惠特曼必须重新建立惠普的企业文化——无所畏惧地进行创新。公司里肯定有出色的工程师，所以惠特曼还必须提供一个有创造力的环境以发挥他们的最大潜能，让惠普公司成为一个不怕冒险，无惧失败，让有智慧的人充分发挥才智的地方。此外，在当今这个高科技触屏时代，惠普公司需要成为一个风尚品牌，这个时代最显著的特征是社交媒体互动、信息透明度以及无情的评判。为取得经济成效，惠普公司还需创建自身独特的情感化魅力。

换言之，梅格·惠特曼和董事会必须认识到动力已发生转变，正在向创意设计以及发挥人类智慧的设计方向转移，而这一转移也已经在惠普公司的内部发生了。经营方式的革新也无法阻止这一转变；她必须开发公司的创造力，不能让公司仅凭效仿其他公司来开创未来。实现这一目标的第一步也许是至少让一名世界一流的设计领袖担任董事会董事。史蒂夫·乔布斯和苹果公司已经证明，设计是一个自上而下的问题。我希望目前惠普剩下的所有优秀人才能再次将产品置于金钱之上。

创意资本主义形式：苹果公司

"我们从来不担心数据。在市场环境中，苹果尝试专注于产品的闪光点，因为我们的产品的确与众不同。在这个行业里，你没法骗人。产品自己会说话。"

——史蒂夫·乔布斯

目前已有很多介绍苹果公司创立的文章（我本人也写过很多相关的内容），其中一个基本事实是：苹果公司是 1976 年由史蒂夫·乔布斯和史蒂夫·沃兹尼亚克（事实上他是惠普公司的员工）创立的。公司建立之初发展十分顺利，但随后也遇到一些波折。后来，史蒂夫·乔布斯将战略设计和以人为本的创新作为苹果公司经营体制的核心。我也参与了这一运动的策划，对此我深感荣幸。

史蒂夫还同他所能接触到的最优秀的人才一起构建了多个想法和理念。罢免乔布斯以后，公司继续采用他的战略以及这些想法和理念，因此在一段时间内公司也取得了不错的业绩。然而，当这口智慧之井枯竭后，约翰·斯卡利和让·路易斯·卡西（Jean-Louis Gassée）认为他们也可以努力赶上乔布斯——但结果却十分糟糕。公司生产的产品十分平庸，有些甚至彻底失败（如 Newton 掌上电脑），因此公司蒙受了巨大的损失。约翰·斯卡利被解雇后，迈克·斯平德（Mike Spindler）接任了首席执行官这一职位。迈克在工作上十分努力，是杰出的营销和销售主管，然而他很难胜任帮助苹果公司摆脱危机这一艰巨的任务。苹果的 Mac 的市场份额一度缩减到 7%，受到这一刺激他采取了一个十分奇怪的措施——将麦金塔电脑的生产授权给低成本的制造商，如位于得克萨斯州奥斯汀的 Power Computing 公司。每台电脑收取 50 美元或一个定额费用，因此苹果公司的收入大大增加。但是，这些仿制品的销量很快就超过了苹果本公司生产的 Mac，因为 Mac 不具备附加价值（如设计、可用性以及质量）。事实上，营销已经战胜了产品、设计以及创新，而苹果公司也失去了灵魂。此外，苹果公司董事会的能力也欠佳。1996 年年初，董事会将董事吉尔·阿梅里奥（Gil Amelio）博士提升为首席执行官，结果却是雪上加霜。

阿梅里奥试图采用惯用的手段——削减成本以及裁员——来改善局面，但是在其上任的 17 个月内，苹果公司的亏损额就累积到 16 亿美元。1997 年在旧金山联邦俱乐部发表讲话时，阿梅里奥为自己做了辩护（同时也对自己 700 万美元的遣散费做了解释），但事实上苹果公司的情况的确变得更糟。麦金塔电脑和 MacBooks 笔记本电脑的销量降到了利基产品的水平，苹果公司在短期内无法取得胜利。于是，阿梅里奥做了一个正确的决定，他又将乔布斯聘回苹果公司担任顾问；此外，他还收购了 NeXT 公司，因此 NeXT 公司的 Step 操作系统将成为 macOS 操作系统。在七个季度内第六次汇报亏损之前，苹果公司的董事会解雇了阿梅里奥。和公司里的其他很多人一样，阿梅里奥从未意识到苹果公司必须成为一个生产有创造力产品的公司，而公司生产的物品和使用过程一定要能博得消费者的喜爱。

1997 年，苹果公司任命史蒂夫担任临时首席执行官，当时我也有幸成为公司的顾问。我建议苹果公司将产品线从个人电脑延伸到数字消费媒体技术领域，如音乐、电影等娱乐内容。索尼公司也曾采取这一措施，但由于内部的混乱状态，最后以失败告终。我还建议史蒂夫再次将世界一流的人性化设计作为公司创新和产品研发战略的核心。此外，在前面我也曾提到，我认为公司要同微软公司进行和解——至少暂时要这样——并要收回对低成本生产商的授权、重获对 macOS 操作系统的权利，这十分重要。史蒂夫也同意苹果公司应该将集成技术作为吸引消费者的最重要因素，他预计智能技术在未来将融入手机以及移动电脑等其他产品中。

在整个公司，员工都了解这样一点：在苹果公司使用任何一项技术之前，这项技术必须被证实是完全可靠的。但是，他们也关注新的应用程序以及技术合成，这既可以给消费者带来真正的价值，也可以为苹果公司开辟新的业务。史蒂夫的动力不是金钱而是取得成功。也许这听起来有些奇怪，但一直以来他的目标都是让百万大众能够使用苹果公司的产品，并且享受使用的过程。无论是更智能化的插头的设计，还是更复杂的设备或软件的发展对他来说同样重要，他会付出同样的努力。将之同典型的机会主义主管区

创意资本主义的盈利能力

苹果公司一直以来都拥有很多粉丝，但是它取得的巨大成功靠的是创意。2011年，苹果公司成为全世界市值第二高的公司，仅次于埃克森石油公司。[10] 本书第 1 章列出了该公司于 2010 年第 4 季度的财务数据，从这份财务数据以及下图中你可以清晰地看到公司取得的成功。这就是创意资本主义的力量：注重战略设计以及创新来取得成功，用更少的材料生产出更有价值的产品，给消费者提供持久性的积极体验，这就是成功的秘诀。

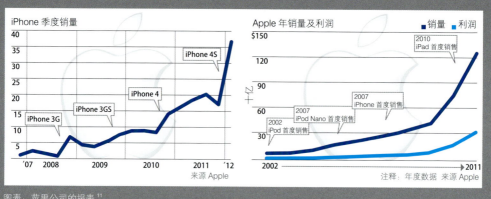

图表：苹果公司的报表[11]

别开来的是他对苹果公司产品为消费者提供完整体验的梦幻般的追求。当然，他也想尽一切办法克服种种阻力。他不愿仅仅因为有些"蠢材"阻碍了自己，就销售给顾客不好的产品。史蒂夫不屈不挠的决心是他在 NeXT 公司时塑造的，因此他有办法让人们付出自己最大的努力。

史蒂夫在工作上十分努力，他将集成设计以及硬件、软件和内容的创新作为研发的核心。通过推动 iMac 电脑（这是乔纳森·艾夫及其设计团队的第一个杰作）的快速发展，史蒂夫巩固了麦金塔系列产品。史蒂夫劝服比尔·盖茨应该投资苹果公司，更重要的是，微软公司应该继续为麦金塔开发应用程序。此外，他还结束了授权项目，他偿付给 Power Computing 公司 1 亿美元的资金结束了它们之间的交易。将苹果公司从破产的边缘挽救回来之后，史蒂夫开创并打入了新市场，如消费类数码电子产品（iPod）以及无线移动设备（iPhone 和 iPad）。虽然公司将硬件生产业务外包了出去，但公司出资同 ODM 合作伙伴共同建立了一个更好的商业模式——共同设计和共同创新，而不是单纯购买这些 ODM 现成的产品和工艺。史蒂夫·乔布斯采取的战略促使公司的重点从注重理性的效率转移到创新性的产品设计，从"企业行为"到发现和培养最优秀的人才，从冷静的逻辑到情感创造力。

现在有很多公司找到青蛙公司说："我们想成为我们这一行的'苹果公司'。"对此，青蛙公司是这样回应的："首先你必须发掘自我。然后你必须采取行动，而且在追求卓越的过程中一定要像苹果公司那样有灵活、革新性的思维——将设计作为公司战略，注重创新，构思出精品式的原型，还要特别重视细节、原则和现金投资。"听到这些后，大部分人都选择了离开。苹果公司之所以能取得成功是因为它敢于做正确的事情，无论有多么艰难。但今天仍有太多的人认为他们可以不必这样做就可以效仿苹果公司的成功。大部分公司都不愿做出彻底的改变，也不愿进行个人、情感以及财政投资，但这些却都是获得成功所必需的因素。虽然他们看到苹果公司取得了巨大的成功、取得成功的路程以及公司员工表现出来的热情，但他们仍认为成功一定另有捷径——也许他们可以在"史蒂夫·乔布斯是怎么做的"这样的书里找到这个捷径。

但是史蒂夫开创的方法不适用于懦夫。这是今天我们所有人面临的真正挑战的一部分，因为世界各地的机构（甚至是政府）都在努力寻找眼界更宽广，甚至是具有全球眼光的创意领袖，对他们进行指导并赋予其权利。史蒂夫·乔布斯的口头禅是：求知若饥，虚心若愚。这是他给你们提的建议。我的建议是：无论你是谁，无论你身在何处，一定要及时跳出热水，并投身于创意生活和创意工作这一崇高的事业当中。

⇑ 西门子 SCENIC 多媒体电脑，1996 年。摄影：DIETMAR HENNEKA。

1 Walter Benjamin 所著的 *Capitalism as Religion*，Fragment Nr. 74，1913-1926。
2 2011 年 5 月 18 日，里奇·特仑霍姆（Rich Trenholm）报道："BBC 报道，苹果刺激了大脑的宗教反应"。
3 *The Value of Nothing: How to Reshape Market Society and Redefine Democracy*，作者为 Raj Patel。Picador 出版社于 2010 年出版。
4 Christian Felber 编著的 *Die Gemeinwohl-Okonomie*，Deuticke 出版社于 2010 年出版。
5 *The HP Way: How Bill Hewlett and I Built Our Company*，由 Collins Business Essentials 出版。
6 《卡莉的大赌注为何落空》，卡罗尔 J. 鲁米斯，《财富杂志》，2005 年 2 月 7 日。
7 来源：华尔街日报。
8 来源参见链接 6。
9 《惠普公司公布的 2012 年第一季度的业绩》（HP Reports First Quarter 2012 Results），《HP 财经新闻》（HP Financial News），2012 年 2 月 22 日。
10 基于 2010 年年底的平均股票价格，当时苹果超过了 EXXON。
11 来源参见链接 7 和 *Silicon Alley Insider* 2/2011。

前瞻设计推动可持续发展

第 9 章 创新型商业领导层

9 创新型商业领导层

约翰娜·舍恩伯格

在本章中,我的另一位博士生约翰娜·舍恩伯格将介绍她在有关商业和设计关系现状的研究成果。约翰娜在世界各地采访了大约 100 位企业领导者,目的是找出创新和设计在他们的企业中所起的作用。她通过研究发现,在传统企业结构中有一些元素实际上会抑制以顾客为中心的创新意识和以设计为驱动的企业发展战略。在本章中,她不仅概述了她的研究成果和发现,还告诉我们,将创造性思维贯彻到包括董事会在内的每一个领导阶层,将给企业带来毋庸置疑的好处,并且对于如何完成这种类型的企业变革,她还提出了一些令人信服的观点。

——哈特穆特·艾斯林格

无论是实体产品、用户界面还是客户服务都是设计者设计的产品。在设计过程中有一个关键的部分,这个部分包括想象一下人们将如何使用这些产品,如何操作它们以及这些产品的外观、感觉和性能应该是什么样的,这样做的目的是创造一个也许能够真正提高使用者生活水平的良好体验。实际上,设计者一直致力于将企业和顾客联系在一起。所以设计者应考虑设计企业战略性规划的主要部分,并将这一部分融入商业流程的每一个环节,只有这样才会使设计看起来比较合理。通过这种方式,企业将能够在设计过程中精心创造一个与顾客建立联系的纽带,并且在这个过程中,企业可以在市场中建立自己的公众形象和树立自己的信誉。

然而与设计者、企业领导和商业顾问谈及设计时,你会很清楚地发现他们对于设计和企业发展战略之间关系的看法实际上有很大的不同。大多数企业领导者似乎对于

苹果图像打印机,1984 年。摄影:DIETMAR HENNEKA。

设计的真正含义甚至缺乏基本认识。那些确实考虑过有关设计方面问题的企业领导者，往往倾向于将设计看成是一种用来引人注意的装饰品——用很好的包装纸将他们的产品包裹起来再放进漂亮的包装盒。对于这些领导者来说，设计在很大程度上仍然是一个"附加物"或"增加成本"的东西，因此，他们从未想过或运用过将设计作为整个企业流程中一个重要的战略元素。换句话说，这就是设计真正的本质和功能与大多数企业对设计的理解之间的一个主要差异。我想要了解这一差异，所以我将它作为我博士论文的题目，"战略设计"正是我在哈特穆特·艾斯林格的指导下从2007年到2011年所写的这篇博士论文。

我的出发点是，为什么大多数企业领导者对设计的战略价值的理解是如此有限。其次，我还考虑了为了使设计完全融入企业的战略性元素，在哪些方面必须做出改变。在这篇文章中，我总结了一些我认为的最基本的问题，都是关于设计在企业中所担负的典型角色的，同时也提出了解决这些问题的可能途径。虽然我的研究成果还远远不能以最完整和明确的视角来解释这些问题，但是我希望这一成果可以为我们提供一个继续研究这个重要问题的良好平台。

设计在商业战略中的三大主要优势

当许多企业领导者将设计降级到公司内的"礼品包装"部门时，还是有少数的领导者意识到设计的独特价值以及将其作为企业战略中一个重要元素所蕴含的潜能，对于这些领导者来说，他们在自己的经营管理中已经拥有了一个强有力的竞争性武器。虽然设计这一领域包括十分广泛的才能，但是我相信以下这三个有关设计的独特的和有价值的方面能够概括它在企业中的重要价值。

- 好的设计基于设计的研究调查，因此也是对顾客需求的反映。
- 好的设计传递的是"不拘一格"的思想和创新意识。
- 好的设计不仅形象而且具体。

接下来，让我们分别看看这三个优势的具体内涵。

好的设计能够反映顾客的需求

就像我之前所说的，每个企业都在生产产品，并将其作为为生活增加价值的物品提供给顾客，从而促使他们购买。在设计产品时，一个最基本的问题是，这种附加值应该是什么：顾客在使用时所感知到的它的外观、感觉和性能应该是什么样的。不同的企业对于这个问题有不同的看法。许多企业一直在生产其他企业之前已经生产过的产品，但也许会有一点很小的改进。这些企业最终都满足于生产这种"跟风型"产品所带来的可控风险以及将这些产品提供给顾客时所获得的有限的成功。因此就会有很多企业不断地收购其他企业以获得它们的产品。同样还有一些企业不断对自己的旧产品在外观上做改变，并投放市场，从而避免了因创新而带来的风险。最后，还有一些企业冒着巨大的风险进行创新并且最终创造出新的产品。

无论企业选择哪种方式，最终都要生产出能够满足人们需求的产品。因此，如果企业能够了解人们的需求就最好了。然而，如果企业想要了解更多有关人们需求的信息，仅仅走上前问他们"你真正想要拥有的是什么"是完全不够的。人们很快就会适应自己所生活的环境，因此很难会拥有一些稳定的需求。这就意味着在即兴的谈话中，他们很少能够给出一些关于他们自身和需求有价值的信息。

你也许会认为企业所设立的一系列完善的流程和整个企业部门都只是为了了解人们的需求，但情况往往并非如此。在大多数企业中，市场部的主要作用是向顾客传达有关它们的产品的信息，并选择最合适的时间将产品投放市场。营销人员为了了解顾客对它们的产品的看法，了解哪些因素能够促使顾客购买它们所提供的产品，最典型的做法就是进行定性和定量的市场调研。他们会要求顾客评价现有的产品；调查结果和数据更多的是将产品引向现有产品的标准并且跟随市场潮流，而不是创新。销售部门查询现有的信息，只是为了形成企业的产品手册或宣传页并且在这个基础上开展营销活动。

然而，企业的营销活动并没有深入观察人们的生活，以了解人们更深层次的实际需求。许多产品的生命周期从产品上市到随后成功进行销售要持续数年。因此，从产品进入市场的时候开始，有关这一产品的信息就成了历史数据。因为规划和生产产品都与未来的市场需求相关，所以有关现有产品的信息对此几乎没有什么帮助。为了开发出顾客实际需求的产品，我们需要一整套方法，从根本上发现需求、搜集需求并将这些需求转化到相关的产品概念中。这套方法恰好就属于设计调查研究，并且代表了设计过程的第一个阶段。

跨领域的设计团队人员利用各种各样的方法来评估，哪些目标群体可能为他们后续产品的开发提供一些相关的并且内容翔实、深刻的见解，他们就会设法让自己融入这些目标群体。如果可能的话，他们会和这些人在一起生活几个小时、几天，有时甚至是几周。他们用心观察、仔细聆听，并且探寻对他们所研究的对象面临的问题、需求和希望的深层理解。在这一阶段结束的时候，这些研究者就会收集他们所获得的信息，然后将这些信息进行整理和分析，目的是使他们所研究的一系列相关的核心主题和设计产品时应该解决的核心问题更加具体化。在这一阶段的设计过程中，设计者必须仔细考虑他们在研究时所处的社会环境和制度，否则就会发现他们的研究只是用来改善一种生活状况，而并非解决一个问题。设计者设计出来的一系列产品所包含和解决的实质性问题越根本，这个产品在市场上的成功就会保持得越持久。

产品开发团队通过调查研究，能够在开发产品时有一个针对顾客需求的明确的方向和目标，这种明确的目标会使产品开发过程变得更加具有策略性。因此，设计者通过调查研究，能够利用设计帮助企业奠定一个持续的产品开发策略的基础——这是一种极少有企业懂得如何使用的策略工具。而那些懂得如何使用设计和产品开发策略的企业领导者就能够生产出在任何市场都具有独特竞争优势的产品。

设计师要发挥创造性思维

设计者在与企业其他部门进行合作制定出一个以顾客导向为出发点的产品开发战略之后，就能够运用他们独特的技能和视角帮助企业在产品开发过程中找到解决问题的创新性的方法和途径。然而，当其他专业领域的人们专注于将自己的相关经验和从工作中获得的成功实践运用在解决问题的过程中时，专业的设计者似乎有一种与生俱来的动力去打破常规思维模式、含蓄地质疑已经被公认的一些规则，超越以往被认为可行的界限。如果你让设计师构思一个新产品概念，要是红色的，装在一根杆上，你几乎可以肯定他会立即和你讨论这个产品是否必须安装在杆上或者必须是红色的。在美国有一个关于设计者的笑话，开头是这样的："要换一个电灯泡需要多少设计师？"答案是："它必须是一个电灯泡吗？"

设计者无畏于探索一些新的和未知的解决问题的方法，这是他们在商业领域中最重要的优势之一。正如在我的研究中的一位受访者马修·洛克辛（Mathew Locsin）所说的，"设计者真正擅长的事情——并且属于他们这个领域的行为准则——就是这样一种态度：'哦，我不知道，但是我们要努力去做到并且看看会发生什么。我们要寻找它的原型。我们要学习它。我们要学着适应它并不断重复地了解它。'在这样的行为准则指引下没有什么事情是无法处理的或者无法试图去处理的。"

由于设计者喜欢从一个新的角度并且通过创新的手段来解决问题，所以他们可以帮助企业确保在产品开发过程中，产品概念的推广会超过原本所预想的可能的范围。设计者通过这样做，可以使企业能够开发出真正具有创新性和以顾客为导向的产品。

PACKARD BELL 邮箱式电脑，1995 年。摄影：DIETMAR HENNEKA。

设计能够将概念形象化和具体化

在产品开发之后,设计的第三个独特的优势就体现在它的运用当中——它能够使关于产品的一些建议变得形象化并且赋予这些建议具体的形式。甚至在产品开发的早期,设计可以通过画图或者塑造原型而使概念易于理解。这些早期的工作并不需要特别漂亮、精确或者详尽,这些工作将一种抽象的概念转化为一种易于理解的设计,这能够使每个人都能够参与到产品进一步的开发过程中。这种使概念形象化的设计工作促进了跨领域的合作,例如设计能够使企业内部不同的业务部门之间,或者企业与外部合作伙伴和供应商之间,展开更加富有成效的讨论。

设计者通过使抽象的概念变得具体,可以引发有关这一概念的讨论并且使企业所有成员都能够为产品开发过程做出贡献。人们可以自愿测试设计的概念模型,这种测试可以使这些概念经历许多阶段,进一步发展直至最终形成。这种概念的完善过程可以避免由于将未经测试的产品投放市场而造成的损失,以及避免顾客成为"试用品的测试者"。顾客使用产品时的一些不好的经历会使他们永远不再购买这些产品,因此产品开发人员可以通过设计者所设计的图纸和原型对产品进行上市前的测试,这样可以节省相关的商业成本,并且有助于在顾客心中树立良好的商业形象。一旦产品概念日趋成熟并且可以进行成品生产,设计者就将人们对这类商品所有的需求转换为实实在在的最终产品。

为什么各企业未能发挥设计的作用

现在我们已经明白了设计如何帮助企业满足顾客的需求,开发出创新的产品概念,并且将这些概念转化为实实在在的经验、产品和服务。设计作为战略导向的决定因素,可以帮助企业以一种合作的和与项目相关的方式将它们已形成的战略运用到可被接受的相关商品上。虽然设计包含了各种各样企业所需要的能力,但是只有很少的企业会坚持利用设计为市场带来一些创新的、与自身品牌相关的以及以顾客为导向的产品。为什么会出现这种情况呢?为了回答这个问题,我认为有三点我们必须考虑。

企业未能利用设计的第一个原因也许就是设计者与企业其他领域的人员的思维方式和行为方式完全不同。例如,在一个企业中,生产部门、销售部门和服务部门都是典型的以提高企业效率和效益为目标的,而设计则专注于新的产品开发。设计需要的是创造力和创新性。设计者为了能够激发自身的创造性和创新性思维,需要运用一些完全不同的战略实施和评估方式。设计过程需要一些时间进行开放式基础研究、纯粹的灵感激发、原始观点的形成以及在技术上和经济上都可行的最终产品概念的发展和完善。

企业未能利用设计的第二个原因可能是：企业领导者需要具备特定的创意管理技能，以计划和实施创造过程。企业的产品线或产品越复杂，就要利用越多的管理知识，以便在合适的时机利用适当的预算将这一产品的创造性过程融入企业的整个环境。为了使设计在企业中能够对企业发展战略和产品开发战略发挥长久的和深远的影响，这种创造性的知识和认识是必不可少的。由于大多数管理者都掌握了商业经济或商业技术方面的知识，然而却没有掌握创造性方面的知识，所以他们通常缺乏对设计必要的认识和了解。因此，领导者通常会阻碍设计有效地融合在公司的运作中。

第三个原因，造成大多数企业将设计与企业发展战略分离开来的或许是设计者自身。从企业战略的角度来看，大多数设计者都拥有相关方面的专业知识和实施方法，并且在他们的职业生涯中不断地提高和深化这些知识。然而在他们的内心中，仍然更习惯于将设计看作一种艺术而并不是经济学。这种态度受到了许多设计教育机构的极力支持，尤其在欧洲的这些教育机构更是如此。许多课程都纯粹倾向于向学生教授设计者对审美的理解和他们的工艺技巧，但是却没有涉及任何有关设计在经济社会体系背景下的理解和认识，而这些正是他们未来职业所需要的。这些院校设计专业的学生根本无法从学校的课程表里找到像统筹领导和产品战略之类的课程。

所以，设计者通常对于他们职业中的基本经济环境没有任何兴趣。他们不会去了解企业结构、财务信息，或者导致企业做出不利于以顾客为导向的决策。因此，设计者总是将他们在企业中不被重视的境遇看作"追逐利润的经济社会的牺牲品"，而并没有认识到可以通过自身努力推动企业向以顾客为中心以及有利于发挥设计才能的方向发展。

设计者为了避免在自己以后的职业生涯中无法发挥自身才能，经常会选择离开自己所在的企业。虽然在实际的设计过程中不了解有关经济方面的知识对设计者来说并不一定是一个问题，但是他们在企业中长期的职业定位会使他们对经济问题和经济关系更加不敏感。由于脱离了企业以经济为中心的发展动力和模式，许多设计者无法为他们的企业设计出具有设计价值和令人信服的产品概念。相反，他们却从艺术和审美的角度极力为自己辩护，这也许会得到其他设计者的赞同，但是却不太可能得到主要关注产品成本、可衡量的价值以及最小化风险的管理者的赞同。反过来说，这就意味着设计者和管理者由于立场和角度不同在很多方面总会持有相反的观点和看法，也正因为如此，企业才很难了解到设计的真正价值。

索尼贵翔音响 FIREBALL 版本,1976 年。摄影:DIETMAR HENNEKA。

"老派"规则的代价

企业创造价值的传统过程往往会经历以下几个阶段：首先是确立企业发展战略和明确顾客需求，然后在创新过程中形成产品的价值；其次在产品生产过程中实现这一价值；最后在服务过程中巩固这一价值。一旦顾客的需求得到满足，企业就会再次进行这种价值创造的过程。然而由于很多企业都没有认识到设计对企业的真正价值和作用，因此它们通常缺乏能够发现顾客真正需求的方法和途径（这些方法也包括设计调查研究）。一方面，这些企业往往很难形成与自身品牌相符合的企业整体形象；另一方面，它们在开发产品时往往忽视了顾客的真正需求。

那些确实利用设计进行战略和产品开发的企业也许有内部的设计部门或者将这一工作承包给企业外部的设计顾问。当企业与外部设计顾问合作时，它们会以项目为基础委任一些设计代理为自己企业服务。如果企业内部拥有设计部门，那么在设计过程中除了需要企业内部的设计部门参与，在必要的时候还会需要外部的设计代理。在这两种模式下，企业在设计过程中都可能犯一些基本的错误。

在那些只依赖外部设计代理为其服务的企业中，不同的部门也许会因为需要解决不同的问题而委任不同的代理。极少有一个企业内部领导人负责管理所有雇佣的创意顾问（即设计代理）。因此，不同部门在设计过程中的举措往往会不一致，有时它们的设计过程会同步进行，并且这些举措都无法融入企业的全局目标规划。虽然这些项目需要花费巨额的成本，但项目总体的结果与企业目标不一致时，就不能作为企业有力的战略——即使每一个项目本身看起来似乎都非常成功。在设计项目实施过程中，如果没有一个单一的、协调的创造性活动总体方向和实施方案，企业就无法实现以顾客为中心的设计和品牌建设目标。如果将设计作为企业战略的决定因素而运作，那么设计就必须被看作一个贯穿在整个企业活动中具有明确目标的主线，并且作为企业发展战略和规划的一个基本组成部分。

那些在企业内部设有设计部门的企业则会遇到不同的问题。由于极少有管理者懂得有关设计工作原理和价值方面的知识，因此很显然他们不会重视设计在企业中的重要地位，而只有当他们给予设计足够的重视时，设计者才能够对公司的定位和产品开发战略具有决定性的影响力。相反，设计通常被定位在企业中机构设置的底端，只有到开发流程的最后阶段才参与进来。在这些企业中，交到设计师手上的产品概念通常有着已经完成的内容；而他们的任务只是将这些概念迅速地包裹在一个精美的包装盒里，这样企业就可以直接将产品出售了。

设计者有时候会面临这样一些状况，公司丢给他们一堆关于产品需求与性能的信息，希望他们在很短的时间内像变魔术一样给出以顾客为导向的产品体验的解决方案。在这种产品开发晚期，生产商和供应商早就已经达成协议，相应产品也已经投入生产了，因此在这个时候提出任何对产品概念的修改都会对企业财务造成很大的影响。如果设计者在这个时候以一种严谨的方式和以顾客为导向的原则成功地对产品概念进行修改，那么之后还会在企业造成不好的影响，因为企业其他员工都认为是设计造成了生产成本的大量增加。这就是设计部门总是要应对缺乏动力的员工的原因之一，因为在产品开发过程中最基本的问题（例如，他们参与到产品开发时已为时过晚）总是在不断地出现在各个产品开发项目中，而他们的这些行为在其他员工看来都只是无谓的努力。

设计不应采取"自下而上"的模式

正如我们所看到的那样，如果设计要成为企业运作的一个战略性元素，那么它就无法自下而上地进行。如果设计能够使企业达到在满足顾客需求的同时进行品牌推广的全局目标，那么它就不应该处于企业决策层的底端。企业只有在产品规划初期就考虑顾客的基本需求，才会使设计充分发挥作用。在这个时候设计能够从顾客需求中发掘出产品的整体概念，并将设计的艺术性以及产品品牌所需要的概念的推广性这两个标准结合起来，还要通过与其他产品设计部门进行合作而将所有这些元素融入企业的全局发展目标。

但是如果设计部门位于企业结构的底端，那么设计者就会在参与到每个设计项目时一再抱怨自己参与到这一过程时为时过晚，并且有太多有决策权的利益相关者都从不同的角度做出决策，还有企业设计经费不足，所有这些因素都导致他们无法利用企业所提供给他们的资源达到企业所需要的结果。这种处于两难的局面甚至导致雄心勃勃的设计者在设计过程中有挫败感，以至于他们在完成设计一段时间后会离开这个企业。企业因此就很难实现和保持自身的创造力。但是更糟的是，这些企业无法运用通过设计所创造的以顾客为导向的战略潜力，而导致在产品开发过程中出现人员、资金和时间方面的问题，并产生摩擦。

建立一个能够运作的企业结构："自上而下"式的设计模式

正如我的研究结果所证实的那样，如果企业想要使设计发挥最大的作用并且使企业的品牌和产品发展过程都能针对顾客需求，那么需要满足以下两个标准。

- 企业必须了解设计的全部价值以及一些必要的先决条件，然后在企业中开展相应的设计工作。

- 设计必须作为企业的核心因素，并且在极具洞察力、有责任心的管理者的领导下，从运作初期就形成一条持续的、贯穿在企业整个运作过程中的主线。

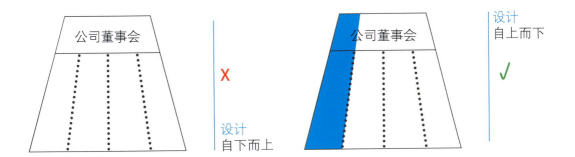

因此，设计研究应该在产品和产品组合规划初期就确定顾客的需求。设计应该与企业管理层以及其他相关部门——如产品开发部和市场部——一起，以顾客的需求为基础确立新产品的目标方向，并且对项目进行管理，使每一个项目都沿着这一目标发展。这样企业内部的设计团队就能够对企业各个部门所雇用的外部设计公司进行管理，以确保向着已确定的方向发展。

正确的消费者导向和一致的企业形象会给战略的基本决策带来深远影响，这只有最高层才可以创立和实施。如果企业想要满足顾客需求并且想要通过设计传达出与之一致的企业形象，那么就必须通过以顾客为中心的企业发展方向扩大企业基本战略方案的内容。

由于执行委员会和董事会都能够确立企业的战略格局，因此两者本身都能够将创造性思维置于战略高度。在美国的董事会模式中，管理和监督的任务都依靠董事会完成，所以根本没必要划分执行委员会和董事会。然而，在德国的双向管理体系中，这两个董事会都可以从企业战略高度形成创造性思维和知识。然而，由于监督董事会任命管理董事会，因此奠定了企业进一步定位的基石，我想首先讨论一下创造性思维在监事会（监督董事会的简称）中的地位和作用。

搭建设计与管理层之间的桥梁

我的其中一位受访者（本书不能公开他的姓名）是一名国际上十分活跃的设计公司的合伙人和一家美国公司的董事会成员。他告诉我："在董事会中有大量市场部人员，但是大多数市场总监和资深市场部员工都是一些商业人士，而并非具有创造性的人。董事会中的设计者更是十分少见，并且在我们这个董事会中所有其他的成员都是五十多岁的男性，而且都是来自美国特定的一个地方。"

如果人们的观点没有受到一些意见不同的人的挑战，就不会冒险脱离他们现有的舒适地带，也不会发现其他的思维方式，那么长远来看他们的判断力会变得十分局限。所以丹尼尔·瑞特格（Daniel Rettig）和丽安·伯哈达（Liane Borghardt）在《经济周刊》（Wirtschaftswoche，德国的商业周刊）中写道："像丹尼尔·卡尼曼（Daniel Kahneman）这样的专家都坚信，正是由于执行委员会的孤立性才产生了使他们过分自负的肥沃土壤。如今这一代的管理者在启动项目时都没有事先从一种充分的自我批评的视角评估一下这些项目，看看它是否能达到预期的成功——这通常都是由于纯粹的自负造成的。只要他们沉浸在自我陶醉中，那么必定就会过分高估自己的能力。"[1]为了能够避免这些管理者们过分高估自己，以及能够正确对待更加复杂的市场条件和日益激烈的竞争环境下不断增长的需求，并达成以可持续性和创造性为方向的企业联盟，当今的执行委员会的成员组成应该更加多样化——应包括男性和女性、多种族、各个年龄阶段、不同背景和专业方向，以及具有不同技能。

创造性思维的一个最大的优势就是移情作用。设计者对所从事的日常工作和所使用的设计流程都进行过相关训练，这些训练使他们能够获得人们对一些事物的感受，并且能够从人们的行为中找到他们的动机。这些软技能对于监事会很多方面的活动都很有帮助。传统的以分析为导向的监事会成员主要关注于建立像税息折旧及摊销前利润的业绩数据，而设计者则主要探索有关这一进程的人为原因。就像我的受访者所说的那样：

"所以无论什么时候你去参加董事会的会议，都会发现很可笑，因为你会得到一个董事会的小册子，并且所有人都从中寻找这个数据——企业税息折旧及摊销前利润，因为这个数据包含了你们所有的资产、所有的债务，以及你所需要分期偿还的贷款。所以你仔细查看这个数据，并与上一期数据进行比对，然后这个数据从金融商业的角度告诉你，你现阶段的业绩如何，但是并不会给你'但是这里……'，或者'如果这样，那么……'之类的建议。所以每个人都一头扎到数据里，他们的谈话无非就是'我们已经获得了价

↑ 甲骨文 NCUBE 超级电脑，1992 年。摄影：DIETMAR HENNEKA。

↑ HEAD 碳钢网球拍，1988 年。摄影：DIETMAR HENNEKA。

值 120 万美金的存信股票'，接着就是'好的，不错'，然后所有人都会认真思考这些数据到底对他们来说意味着什么，其实这个数据只是代表着我们已经从企业的存货中得到了我们的股票，而且我们的股票就包含在这个数据当中，除此以外，我们还拥有这栋大楼。他们之间的谈话就是类似这样的。我在一个有 9 个人的房间里面，而我是唯一一个最开始没有看这些数据的人。我想，对于一个消费品公司，这是很重要的，但即使这个数据能够在很大程度上代表企业的经营状况，也仅仅只是其中一部分。它只是一种展示。这个数据是有十分重要的作用，但是如果公司想要变革的话，那么在董事会中就应该有一个十分了解企业情况并且很有发言权的人帮助企业做出决策，这一点我认为才是真正重要的。"

因此，以经济为导向的监事会成员负责管理企业的支付能力和运作能力，而设计者则能够发现企业与它的利益相关者之间的关系，所以他们就会问类似"我们确实已经认识到了存在于我们的顾客中的基本问题吗？""我们提供给顾客适合他们需求的产品了吗，或者有没有更适合他们的产品？""我们的产品以哪种方式改变了顾客的生活，而我们应如何进一步加强这种有利于改善顾客生活的改变方式？"之类的问题。这些拥有创造性思维的人总是首先尽力去发现人们行为中的一些特定动机，然后就可以对这种现象形成一个大概的轮廓，并且能够（原则上）解决这一问题。设计者由于具有这种定性的思维，因此能够确保在监事会中，让企业和它们现实中的顾客、雇主和所有者保持紧密的联系。只要企业和他们保持一种紧密的联系，那么在产品开发中忽视顾客需求的事件将会极大地减少。

由于他们的人本导向以及喜欢提问的精神，设计者的创造性思维能够增进监事会成员之间的讨论并改善他们的工作文化。由于监事会中的董事通常是由首席执行官选拔出来的，因此他们有可能会变成唯唯诺诺的人，而一个团队中具有创造性思维的人总是不会满足现状。没有什么比针对人们一贯遵守的绝对信念和一些自满的臆断发起提问和讨论更有利于激发创造性思维。一个具有创造性思维的监事会成员所拥有的定性的思维方式使他敢于要求董事会给自己真正的话语权。因此，企业只有拥有了这些具有创造性思维的设计者，才能从根本上进行创新并且规划出一个长期的企业发展战略。换句话说，善于进行数据分析的监事会成员努力使企业在每个季度都获得满意的业绩，而具有创造性思维的设计者则关注于保持一种高质的、创新的和以人为本的企业形象。

那些能够在监事会中将创造性思维和分析性思维结合起来的企业享受到了巨大的成功，但是仍有许多企业在最需要激发它们创造力的时候倾向于关注"季度数据"。从根本上降低成本似乎是企业恢复业绩的最快方式，然而管理阶层的董事会却面临着应该从哪个部门中削减成本的难题——是创新业务部门还是运作业务部门？由于运作业务部门的成本可以计算到最精确的数据，因此在这些部门削减成本在短时间内会给企业带来显而易见的痛苦。任何成本的节省都会有直接的反映。

对于设计者的一些创新性举措来说情况就完全不同了。他们无法确保自己会获得成功，甚至在经济状况良好的时候，他们的创新举措也总是代表着一个充满风险的投资。如果这些创新举措被取消，那么没有人能够证明企业会因此损失多少利润或收益。并且如果企业成功地实施一个创新项目时，人们往往将这种成功归功于管理者。因此对于注重分析性思维的管理者来说，很显然他们会首先裁掉企业用于创新性举措的成本。但是，企业在面临危机的时候裁掉在创新方面的投资成本，不仅完全摧毁了企业的一些单个的项目，撤回了用于投资在创新方面的资本，而且还摧毁了企业来之不易的创新动力。他们的这种做法切断了所有能够帮助企业实现长期增长的发展路径。

当设计者在监事会有一席之地时，他们就能够为企业创造一个更加有效地应对经济危机的机遇。尽管是在经济困难时期，这些具有创造性的成员仍然会通过他们的创造性思维的能力把目光投向企业创新和产品改进等方面。这些具有创造性的监事会成员能够不断地在企业中灌输"把危机当作机遇"的思想，而不是像大多数缺少创造性的管理人员的企业的做法，例如恐慌、囤积现金储备、解雇员工以及推迟或者取消企业的一些创新性举措。如果企业继续实施或者增加它们的一些创新性举措，那么它们将会不断地超越那些将自己放低到"生存模式"的竞争对手。我所采访的其中一位领导者告诉我有关他在经济危机时期所持有的态度："我当时对我的员工说，'如果人们重新开始购买我们的产品，那么我们就必须卖出世界上最好的产品。所以，我们这些产品长期以来一直卖得很好——这是废话。赶快抛开它！'我们在这段时间已经生产出一些确实不错的产品，所以我们要重新开始。我们在这四年里已经有两三个月，产品销量都达到最佳。这的确很美妙。如果我当时没有参与有关企业未来战略规划讨论的话，有人肯定都会说，'我们现在不能在那方面投资了。我们不能花费 20 万美金让董事会添加一个人为我们设计这些产品。'我想这样的事情不会发生。我当时参与了这一讨论，并且我们谈得十分愉快。"

因此，如果监事会建议管理阶层的董事会支持企业继续进行一些创新举措和改进产品，那么企业就有机会使产品更加符合顾客需求而且质量更好，并且能够深化企业文化和扩大品牌知名度，为企业未来的繁荣发展打下基础。来自设计领域的董事会成员对于全面考虑企业战略选择，确保企业思维和态度的多样化，使企业更加接近顾客需求，即便在危机时期都可以避免创新型项目被过早削减，以及使企业战略优势最大化（尤其是在经济日益全球化的时代），是非常重要的。企业尤其应该在董事会给设计者设立一个职位——并不是为了填补名额，而是有一个明确的目的，就是运用高质量的、创造性的思维。这样的话，企业就能够在建立和维护全局战略时，保持清醒并且富有灵活性。就如我的一个受访者所指出的那样，"我们供职过的许多企业让我这样在设计行业工作很多年的资深人士进入董事会，我认为这种方式将会让公司从我们身上获得更多的价值。但是让这些设计者们进入董事会也会遭到商业人士的反对，'我们的董事会中竟然有一个设计者，这不是很奇怪吗？'"

在积极的业务管理中发挥创造力

即使对于企业中比较活跃的执行董事会来说，高质量的创造性思维对于它们的生存也是至关重要的。因为管理高层和董事会都对制定企业发展战略和依据战略职责进行实施而负责，监事会和高层管理人员必须能够利用所有能作为企业长期战略规划的战略选择。企业必须依据创造性的潜力而在企业的结构中和不同发展阶段合理分配和利用创造性的价值。为了能够给这些具有创造性的职员（即设计者）提供一个适合的工作环境，企业必须理解和尊重创造性在企业中的作用。为了能够充分发挥自身的才能，设计者需要一个合适的工作环境。并且只有当设计者能够充分发挥自己的创造才能时，企业和设计者的合作才会获得成功。

我的研究结果同样说明了企业需要新一代的高层主管，他们必须能够给予分析性思维和创造性思维同等的重视，并且能够将设计环节适当地运用在产品的开发过程中。当

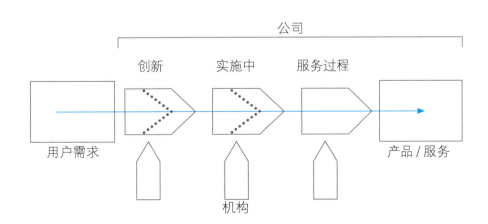

然，每个企业和行业都有各自的管理结构，但是在一个持续发展的、以顾客为中心的并且管理有序的企业中，董事会和业务管理部门都至少应该有一个职位是为设计者设置的。董事会中的具有理性思维和本能的创造性思维的成员是不能相互取代的；他们的思维模式是截然不同的。对他们来说，发挥各自的专业化水平和沟通交流优势才是最重要的，而并非相互排斥。只有将深度分析和创造性思维结合起来，并坚持以可持续性发展、有意义的目标和价值为发展方向，企业才能获得长久的成功。

设计的带动作用

正如我们前面所看到的那样，设计能够为企业提供产生深远影响的各种能力。通过设计调查研究，企业能够开发出适合顾客需求的产品组合并且保持企业的持续发展。不拘一格的思维方式，使设计者能够发现一些创新性问题的解决办法，并且设计可以使概念形象化——它赋予概念具体的形式。通过这样的方式，设计者就能够在产品开发阶段与所有项目参与者保持有效的沟通并且获得使用产品的顾客的第一手反馈资料。在产品生产阶段，设计者能把所有确立好的产品需求转化为可理解的商品组合，这些商品随后就能给顾客带来一种满意的产品体验。

如果企业想要运用设计的这些优势，必须学着去理解设计的全部价值和先决条件，然后再相应地实施设计计划。这就意味着企业必须将设计包括在它们的战略和产品开发的整个过程当中。在企业结构方面，设计工作必须由一个来自最高决策层的主要负责人进行管理。企业通过这种方式能够将企业定位从以效率、效益和利润为暂时的关注焦点转向以顾客和人为导向的发展方向，从而确保了企业在全面创新的基础上实现经济的长期增长。

1 参见 Daniel Rettig 和 Liane Borghardt 的著作：The Ego Cases，发表在 Wirtschaftswoche，2010 年 8 月 23 日，第 80 页。

KOENIG+NEURATH 公司的 KING ZETA，1982 年。摄影：DIETMAR HENNEKA。

前瞻设计推动可持续发展

第 10 章 结语：创新设计

10　结语：创新设计

"文化：人类面对命运发出的呼唤。"

——阿尔贝·加缪（Albert Camus）

本书的书名是《前瞻设计推动可持续发展》（Design Forward），我的意图很明确，即利用设计改善我们所有人生存的世界，为我们的子孙后代创造一个人性化的未来。今天，太多的发展完全走错了方向，我认为当今一件十分明确的事情是：我们必须改变我们的思维模式和行为方式。改变并非易事，但变化是不可避免的也是必需的，否则将会造成经济、生态和人类灾难。世界上的人口正以惊人的速度增长；1950 年世界上的人口是 25 亿，到今天已达到 70 亿，几乎是 1950 年的 3 倍，而到 2050 年，世界人口将达到 100 亿。[1] 最贫穷的国家是人口增长速度最快的地区，其中有些国家经常会发生饥荒或爆发流行病，这使得人口膨胀问题更加严峻。遍布全球的中世纪原教旨主义和狂热行为、政治原教旨主义运动以及政府对虐待妇女和儿童行为的纵容加速了危机的恶化。并且上述所列的问题还没有包括无处不在、给人类带来巨大灾难的战争。我们进行改变的目标不仅是推动经济发展，还要改善人类的生活。我认为要做出改变我们需要下列 5 大要素。

- 设立创意科学教育课程，以尽早发现和培养所需的创意人才。
- 为产品添加有用的功能并使产品能够长久地吸引用户，带给他们好的用户体验，以此取代浪费型消费模式。

森林研究，2005 年。SYMBOTS 仿生电脑。

- 建立新型经济模式——我们可以称之为人文资本主义。

- 为全人类创造以人为中心的可持续商业模式和体验。

- 用进步的、具有启发意义的行为取代自满的保守主义。

我希望我已经通过这整本书有力、详尽地介绍了这些关于改变的观点以及我的期望。最后我想谈一下我最了解的一些问题：战略设计的力量以及如何让战略设计为人类、企业及市场服务。

改变的秘诀

我实施战略设计的目标不是要打破当前的体制或引发混乱，而是改善这一体制并将其人性化，以使违背道德原则的、贪婪的人以及缺乏专业能力的人无法继续存在。也许所有这一切听起来非常不切实际，但其实并非如此。事实上，我可以提出一些具体的方法，这样我们所有人就都可以参与到这场变革当中。

首先，我们可以改变对创新的看法。多年来，"创新"一直是商界和业界的行话，不过现在我们开始看到其在人类、社会以及生态方面存在的局限。为打破这些局限，我们需要超越当前以创新为驱动力的商业模式，而战略设计将成为向这一新方向发展的重要驱动力。此外，我们还需要改变对设计的看法。设计作为一个年轻且充满活力的职业，已经经历了一个漫长的发展阶段，从最初的一种艺术表现变成现在需要具备概念成型及实施的能力，并能为人们解决问题的学科。虽然转变的过程并不容易，却让人们越来越认识到商业和设计相结合所形成的真正力量和发展这一结合的必要性。商业和设计结合的核心是企业一定要认识到设计在塑造以创新为驱动力的商业模式上所发挥的重要作用：

- 既要将消费者视为有着各种需求的个体（产品只能满足他们的一部分需求）。

- 也要将其视为今天没有受到足够关注的社区大群体中存在各种相互依存关系的一员。

- 关注未来的社区以及紧跟我们的步伐的那些人，所有这一切都取决于我们当前的决定和所作所为。

在本书中，很多例子都证明了设计在制定商业战略中所起的重要作用，以及不断发展的商业模式正在运用战略设计的优势。然而，还有一点也十分重要：我们还要考虑商业同设计的结合以及以可持续发展为驱动的商业模式。我认为设计师尤其适合发展和运用商业战略，而广泛的文化角度这个"全局性"的视角清晰地揭示了商业战略所关注的新焦点。

其次，我们必须改变思考消费者的方式——将我们自己想成消费者。从创新这个更大的背景来看，设计是联系人类的目标和需求以及满足了人类这些要求的物质文化之间的纽带。物质文化是人类创造的，物质文化的每一个组成部分都经历着生产、销售、使用、废弃、回收以及（但愿能够）再使用环节。物质文化中的一切都经历了这样一个流程：将人类理念融入设计，设计被生产成各种实体产品和虚拟产品。因此，设计师及其商业合作伙伴拥有一个无可匹敌的大好时机去创造一个既适宜居住又有趣且能激发人们的文化意识的可持续发展环境。然而，要实现这一目标，我们必须对目前的商业模式、战略、使用的工具、行事方式以及工厂中存在的机遇(有时是危险的诱惑)时刻保持警醒。

随着通信技术以及市场全球化的不断发展，消费者成为大型、相互依存的团体中的一员，消费者的需求也比过去复杂得多。设计所面临的总体挑战是如何使创造出来的实体产品和虚拟产品既实用又有艺术性，还能够激发精神价值以及使用尽可能少的零件，以满足消费者各种复杂的需求。在我看来，设计是现代社会对"技术"在功能上的延伸，并将其转化为具有人类历史意义及形而上学的象征。当设计师设计出更好的新物品、更具利用价值的应用程序或是更激励人心的以用户为中心的体验时，这个新产品本身将成为"品牌象征符号"，其特征是有意义的创新、高品质以及更符合道德规范的行为。人们不是将这个品牌所建立的视觉象征仅视为一种时尚的表达，而是将其视为人性化技术的文化表现。这种战略设计不断提供可持续性创新，增强文化认同感和凝聚力，这些都增强了消费者的情感归属感和社会归属感，促进了产业文化的发展。设计师肩负着一种责任，他们有责任将人们的需求同科学、技术以及商业中存在的新机遇相结合。唯有如此，他们设计的产品才会具备文化价值，才能带来一定的经济效益，才能促进政治的进步，才能推动生态的可持续发展。

最后，我们必须改变对"传统商业"（business as usual）及其影响的看法。全球化进程的不断加快（包括金融过剩以及文化殖民主义带来的危机）虽然给设计师带来了新的机遇，但也给他们带来了巨大的挑战。这要求设计师既要有才华又要有能力，以影响和塑造新的趋势，如将业务外包给"成本较低"的企业以及扭转当前存在的无商标、使用不便的产品生产过剩的局面。设计师还需要参与发展"家包"新理念，帮助本地文化和部落文化设计出更好的新生产方式。

前面我已提到，要想在理性思维的商界成为受人尊敬的有能力的"管理层伙伴"，设计师本人必须成为有创意的企业家及主管。就根本而言，设计师一定要将职业水平提升到商业功能基准以上并以追求近乎永恒的文化价值为目标，这些目标很容易实现。然而，我认为，纽约现代艺术博物馆的设计商店里所宣传和出售的大部分产品都是"设计垃圾"，都算不上真正的设计。阿纳·雅各布森（Arne Jacobsen）和弗里茨·汉森（Fritz Hansen）设计的 Series 7™ 椅子或赫尔曼·米勒（Herman Miller）的 Aeron 椅子都证明伟大的设计是会永存的。

作为创意战略家和创意企业家，我坚信目前不断发展的设计 - 企业模式将生产出更生动、更受人喜爱、更能满足人们情感需要的产品，我也坚信更具感染力的产业文化将成为获胜的绿色战略的真正组成部分。这将在全球所有国家和文化内成为现实。若要在欧洲、美国以及远东地区实现产业人性化，就需要建立并实行一种更智能化的生态和经济模式，这种模式将有助于贫穷国家在工业化的同时，不破坏自己的特性和文化。

此处以智能手机为例。今天，智能手机的设计通常是在美国、日本或韩国，但大部分制造过程是在中国完成的，在大多数情况下，智能手机的回收率十分低。一个更好的生产模式是：如果产品在哪个地区上市和消费，就在本地构思和设计。未来的智能手机可以采取模块化的设计，这样各部件的价值就可以发挥到最大。产品的最后组装要在本国的市场和文化环境下完成。很多国家或地区都非常适合采用这种模块化的生产方式，如非洲中部国家、波罗的海、东欧或巴黎；此外，这种模式将使更多的人可以在当地购买产品，因此生产者就可以更深切地了解产品的生命周期、利润和成本。

同市场营销一样，设计所涉及的也主要是驱动大众消费。但是任何产品进行大规模生产都会导致污染和全球变暖。这种经济模式对环境以及未来的社区产生了重要的深刻影响，设计师及其商业客户就是这种经济模式中的参与者。根据传统的商业理论，产品的数量越多，经济效益就越大。但现在，我们认识到，决定经济效益的传统指标也许并不全面。我们已经看到设计对商业模式产生的巨大影响，也看到领导层是如何通过制定和实施创意战略取得了更持久的经济效益的。此外，我们还必须认识到设计在推动可持续发展方面的作用远远不只是给个体企业创造利润。

事实证明，那些粗制滥造的大批"廉价"商品让文化、社会以及环境付出了巨大的代价，事实上，这些商品正在扼杀我们。最后，"绿色思维"成为主要的政治和经济问题。今天，各国政府均承认我们对地球的盲目破坏引发了巨大的人为问题，因此各国政府正协力合作应对挑战。我们只能希望人类可以充分发挥智慧和创造力，以解决问题、拯救

↑ 森林研究，2005年。上图：SYMBOTS，下图：TRIBONS。

地球。不断发展推进的生态资本主义并非"空想社会改革主义"。这是被自我保护本能所驱动的，它要求我们尽快改变对生产和消费的态度。

我们需要设计、构建一个更加智能及环保的生产－产品支持－回收的工业模式。而设计出优良的产品并不是解决方案的最后一步。把我们设计的产品外包给其他地方进行生产无法抹去污染等生产过程造成的负面影响，这就如同我们不能用把垃圾扔到邻居院子里的方式来处理自家的垃圾一样。要想做有责任感的公民，我们就必须摒除这种"眼不见，心不烦"的想法。我认为我们有责任为建立一个更美好的世界而努力奋斗。我们必须重新审视我们的目标和生产过程，以进一步推动科学和商业的人性化发展。我们在商业上做出的努力不但在经济上要获得好的收益，而且要有益于家庭、友人、邻居、社区以及世界上所有的人。

社会责任以及环保等目标既重要又充满了巨大的挑战，这些目标将减少人类对地球的破坏。如果我们创立的企业和生产模式既充满活力又有责任感，财源自然会滚滚而来；《华尔街日报》也认识到，可持续性"绿色"产品越来越受欢迎，这类产品的业绩超过了传统产品。设计师同商界、政界、教育界以及行业内的所有领导一样，在为地球上的所有居民创造更充满活力、更光明的未来这一进程中，起着重要的作用。

设计我们的未来

生态一直以来都未得到足够的重视。当然，由于种种原因这种情况正发生改变，在本书以及《一线之间》中我对其中很多原因都做了解释。生物燃料开始让我们脱离"石油巨头"，太阳能技术和风能技术正在被应用于传统的以煤为燃料的能源部门。互联网正在动摇传统的电信公司对顾客的垄断。此外，我们已经了解到，越来越多的企业设定了可持续发展的战略目标，并放远了眼光、逐步建立起了以不断创新为基础的企业模式。总而言之，旧式的垄断产业正在衰退，创造性的尝试正在不断发展。

促使这一转变的一个有效方法是重塑工业生产过程。设计师及其商业伙伴有一个战略机遇，他们可以利用这一机遇在产品生命周期（PLM）管理系统的初期阶段就产生影响。事实上，要想有效推动转变的进程，我们必须在早期阶段就做出战略决策。通过将大规模生产式的工业生产模式转化为社会和环境友好型的创新型生产模式（比如提高生态意识或者减少甚至是消除浪费），我们既能增加企业价值也可以提高产品销量。

要促进工业生产过程的转变，各企业需要改变工作模式以及同消费者之间的互动和合作方式。我们必须建立新型的商业模式，将消费者置于同主管、员工以及老板和股东同等的地位，将他们也视为企业以及世界的"看管人"。设计师将人类和科学、技术以及商业联系起来，有责任也有机会推动以及领导"绿色"新经济的发展。由于挑战重重，任何学科（甚至是设计）都无法单独承担起"绿化"产业和商业这一艰巨的使命。

在牛津大学学习政治学的阿莉克斯·鲁尔（Alix Rule）在她的博客 In These Times 里发表了一篇名为《革命无法设计》的文章，[2] 强调了上述观点。鲁尔指出，虽然设计师的态度十分乐观，但要解决"增长所带来的严重的社会经济问题和环境问题"，我们需要的不仅仅是"乐观的态度"。工业体制中有众多形色各异的参与者，这一体制相当复杂。生产 – 使用 – 回收这个循环过程十分有限，因此我们不能轻易放弃既定体制（如电网或交通网络）。相反，我们必须分阶段逐步改变这些体制。此外，虽然在转变过程中我们会遇到种种阻碍，但我相信设计师正面临一个大好时机，他们可以凭借我们在产品生命周期早期阶段所做的努力来推动可持续产品的发展。

将原则付诸实践

帕特丽夏·罗勒（Patricia Roller）是我的商业伙伴也是我的妻子。几年前，我们向迈克尔·马克斯（Michael Marks）解释了青蛙设计公司所采用的战略设计的"内在特征"。当时迈克尔·马克斯是青蛙设计公司最大的股东，伟创力国际公司的首席执行官。在交谈过程中，迈克尔惊讶地大喊，"为什么不是所有人都聘用你们呢？"之后，迈克尔又自己回答了这个问题。他告诉我们说，仅靠炫耀同大客户的合作以及易于消化的生产过程是不够的。此外，我们还一同探讨了青蛙设计公司是如何建立起自己独特的交流模式而同注重理性的人进行良好沟通的。迈克尔的观点是正确的，注重理性的商业领袖和注重"右脑思维"的职业设计师都必须同他人交流，并探讨在战略设计上的真实经历和深刻心得——无论成功还是失败，这样他们就可以借此提高自己的专业水平。

在青蛙设计公司，我们总是尽力寻找和吸引最优秀的合作伙伴、员工和客户。我们希望他们能充分发挥自己的才能，严格遵守职业道德，并要有原则，注重过程和自身专业素质的提升。我坚信，同他人合作并帮助他们开发自身的最大潜能这个争取专业认可的方法比其他任何个人努力都好得多——无论这个人多么有天分、多么有能力。我本人也有幸有一定的天赋，但若非抱有上述这个坚定的信念，也不能取得目前的成功。我所做的最有意义的一件事情是吸引、寻找、激发、培养以及鼓励创意人才，指导他们将自

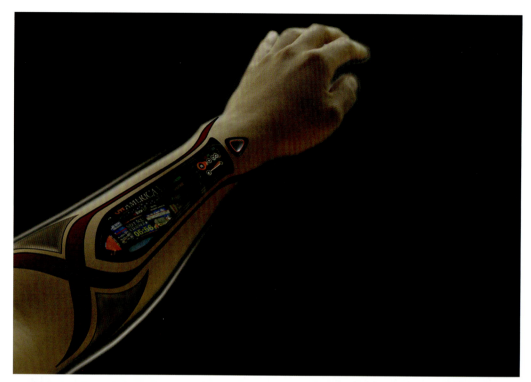

森林研究,2005 年。上图:SYMBOTS,下图:TRIBONS。

身的天赋当成一份馈赠并将其充分发挥出来，指导他们要有原则、要勤奋、要恪守道德，并要抵制嫉妒、贪婪以及恐惧等不良影响。

现在，越来越多的年轻企业家和商业领导在寻找具有创造性的合作伙伴，以创造一个更高效、更盈利、更可持续发展的未来，这是一个好消息。但当前的政治现状让他们感到很失望。此外，当今的商界非常平庸，缺乏远见、信任和生活的乐趣，这让他们十分反感。他们认识到，商界普遍存在的缺乏远见和勇气的现象是软弱的领导层导致的直接后果。目前的商界领导主要是"维护型首席执行官"和妥协性的"熟人关系"董事会；他们对华尔街阿谀奉承，他们取消了研究项目也抹杀了天才（但研究和天才却是成功的关键），并给予那些鼓励削减成本的"领导"丰厚的奖励——但这些"领导"只关注削减成本却不致力于创造价值，最终导致公司破产。新一代商业领导层迫不及待地说，"我们知道世界正面临危机，我们有勇气也有远见，但我们需要创造性的氧气。"换言之，今天真正的企业领袖们知道"为什么"需要战略设计联盟，但他们也想知道"如何建立"这个联盟。

战略本身普遍存在于所有企业的竞争力和文化当中。同人力资源、技术、市场营销以及财政一样，战略设计只是整个商业模式的一部分。然而，创造性的想象力是确定新机遇以及理解这些新机遇对公司或企业品牌有着怎样的价值的关键因素。为迎合日本人奉行的"简单的就是好的"的价值观，战略企业家和战略主管必须以远大的眼光来审视设计，同时他们要求设计师也必须如此。20世纪70年代和80年代，以消费者为中心的技术和市场营销创造了"工业设计的黄金时代"；在今天，以开放的网络和社会媒体为动力的创意经济正推动"创意设计新时代"的到来。在这个时代，很多"产品"都被鼓舞人心的"人类体验"所取代。这个时代之所以会取得这样的进步是因为人们开始从新的角度审视社会进步以及经济和环境的可持续发展，并研发出了合成技术。

为创造力的发展和创意成果搭建一个平台

今天，专业人士以及学生最常问的一个问题是：制定创意战略以及实施战略设计需要什么。当然，任何人都无法单独完成这一任务。不同的人有不同的才能，我们需要进行跨学科合作以充分发挥各种才能——其中包括设计。若想具备战略设计的能力，设计师需要从更广泛的角度来审视设计这个职业，而且还要有兴趣、有能力参与到各种商业活动中。我还坚信，要想成为"战略"设计师，还需要拥有更开阔的思维，要尊重不同的文化，愿意为可持续发展而奋斗，而且不能仅将"品牌"视为增加市场份额以及提高销量和利润的动力。最后，设计是借助艺术性的表达方式来实现更高的目标的——产业人性化。这一认识让我们进一步接近了为企业家以及高管制定设计战略这个更艰巨的挑战。

今天很多人都说，当今社会之所以发生如此迅速的变化是由于技术的快速创新引起的。但是，世界也在不断发生"缓慢的变化"，我将这种变化称为人类速度，这种变化深深植根于历史、人类的活动以及文化传统之中。世界沿着未来的方向所发生的双重变化使创新这一使命更加令人胆怯。一方面，财富的重新分配所依赖的是令人费解的猜测而不是创造新价值，这一金融"战略"导致经济不断衰退，这一独特的挑战阻碍了我们的进程。另一方面，我们必须迅速采取行动以抓住机会促进技术的发展，这将促使我们创造一个更有利于社会发展的产品文化和更人性化的产业模式。

对于我们这些致力于设计新产品和新型产品体制的人而言，我们所面临的最大挑战是批判地审视产品和体系的历史，以取其精华（尤其是可用性和语意）、去其糟粕，创造一个更美好的未来。为实现这一目标，设计师必须借助不断发展的技术来预测、开发产品，以免这些技术引起文化、经济和生态危机。在我的整个职业生涯中，我看到了很多技术的发展和没落。有些技术不断革新，如日用品；有些则已经（或正在）被淘汰，如打字机、录像机、阴极射线管显示器和台式电脑。

然而，在这些发展中依然保持"人类发展速率常数"的是我们仍在采用某些更智能化的可用性标准以及某些"智能化程度较低"的标准——如笨拙的标准键盘、以工作为主的操作系统以及促使人类利用"数码"技术进行交流的用户界面。此外，当然，我们的文化中仍保留着历史深远的传统习惯（如用钢笔和毛笔书写），而有些现代工业化产品也有着古老的象征性的外观（如平板电脑的外形犹如一块石板，手机的轮廓像是鹅卵石）。战略设计的责任是让企业 - 设计联盟中的所有参与者都认识到他们所面临的新机遇，以及基于温和或高傲的保守主义做出的决策有怎样的缺陷。

当前很多的"旧式"设计师和商业领导都未能保持现状（即保持市场份额和利润），因此所有这些理念、梦想和压力在现在尤其重要，这也造成我们急需一种新型的教育方式。正如前面所说，我们需要改变那种排斥创造力的不良体制。通过打消机构的自满和传统模式的傲慢，我对创意教育这一新举措寄予了很大的希望。我们必须建立一套注重跨学科合作和跨学科综合的课程。对这一点的重视会促使我们将"创意科学"引入经济学、企业管理、科学与工程、生态学以及与生命科学等相关的教育领域。

巩固联盟，塑造未来

有人认为，仅凭设计就可以拯救地球，不需要有一套完整的理念和行动方案。这种想法至多是代表了一种幼稚的进步主义。设计师还需要同营销领袖结成强大的联盟共同制定出可持续发展战略,创造一个我们理想中的世界。因此,完善工业生产过程需要我们非常深刻地了解自身的潜力。

在本书中,我们探讨了许多应用技术、产品以及实践方面的机会。这些机会要么正在使用,要么可以很容易地在当前模式中找到。要将这些机会转化成现实,需要创造出新的设计方法、建立新型的商业模式和生产过程。当然,这一转变需要我们付出很大的努力,并且会带来根本性的改变。要推动可持续发展战略的进步,建立一个更美好、更光明的未来,绿色和人性化的工业和商业模式的新理念将成为关键性因素。在大家的共同努力下,我们能够共同开创这样一个未来,在未来的世界,人们将坚信环境保护和社会平衡同战略设计一样,都是商业行为,一样都具有很大的价值。

正如之前所言,我认为所有人都可以创造性地发挥自己独特的能力,我相信我们每个人都可以释放一直以来被埋没的创造力。因此,我们必须培养、奖励各种创意,并要求职业领导和政治领袖也要具备创造力。然而,最重要的是,我们必须通过创意教育在思维和金钱、文化和科学、可持续发展和经济之间建立一种新型关系。创造力的跨领域性传播将结束"左脑思维者"和"右脑思维者"互不相容的局面。目前的一流大学是创新和科学进步的沃土,而要结束左右脑对立的局面,需要采用新式设备并创立新式大学以培养创意思维。通过将最具有创造力的教师和研究人员同最具天分的学生以及最先进的教学进程相结合,我们可以成为开拓者,带领世界为完成促进人类工业的进步和可持续发展这一伟大的使命而奋斗。

1 来源参见链接 8。
2 *The Revolution will not be Designed*,作者是 Alix Rule,发表于博客 *In These Times*,2008 年 1 月 11 日。也可查看链接 9 所示的网站。

DISSLER 厨具魔法产品系列，1986 年。摄影：CONNY WINTER。